Fiona
Unterasinger

Wenn sich Wege trennen ...

Verstorbenes Tier
Trauernder Mensch

FSC
www.fsc.org
MIX
Papier aus verantwortungsvollen Quellen
Paper from responsible sources
FSC® C105338

Bibliografische Information der Deutschen Bibliothek: Die Deutsche Bibliothek verzeichnet diese Publikation in der deutschen Nationalbibliografie; detaillierte bibliografische Daten sind im Internet über http://dnb.ddb.de abrufbar.

IMPRESSUM

Fotografie: Max Bolotnikov (Moskau)
Covergestaltung, Grafik und Layout: Maria Reichenauer (Schwabmünchen)
Herstellung und Verlag: Books On Demand GmbH,
Norderstedt (Hamburg)
ISBN: 978-3-8370-7070-5

Dieses Buch ist allen Tieren gewidmet

INHALT

Einleitung
Seite 10

TEIL EINS

Die Tierinkarnation
Seite 14

Der letzte Lebensabschnitt und
das Umfeld des Tieres
Seite 20

Telepathie nach Rupert Sheldrake.
Verständigung zwischen Mensch und Tier
Seite 28

Sterbebegleitung für das Tier.
Warum?
Seite 38

Der Tod und Todesarten
Seite 43

Der Sterbeprozess bei Tieren
Seite 46

Wie Tiere den Tod akzeptieren
Seite 53

Zeichen von Tieren nach dem Tod.
Kontaktmöglichkeiten
Seite 59

Die Trauer um das Tier
Seite 64

Trauer heilen.
Wie Wege wieder zusammenführen …
Seite 71

TEIL ZWEI

Tiere in lebensbedrohlichen Situationen
Seite 80

Fallbeispiel: Tod durch Krankheit
Seite 85

Fallbeispiel: Unfalltod
Seite 93

Fallbeispiel: Tod durch Krankheit
Seite 99

Abschließende Worte
Seite 110

Einleitung

Von Kindesbeinen an habe ich Tiere bedingungslos in mein Herz geschlossen. Ich habe sie verteidigt, beschützt, gerettet, geliebt, mich um sie gesorgt und leider allzu oft auch getrauert. Das erste Tier, das zu mir kam, war eine Hamsterdame, als ich sechs Jahre alt war und im Verlauf der nächsten 36 Jahre verging kaum ein Tag, an dem ich nicht mit einem oder mehreren Tieren zu tun hatte.

Ich kann mich gut erinnern, was meine Mutter zu mir sagte, als die Hamsterdame bei uns einzog: Sie trug mir auf, mich voller Verantwortung um das Tier zu kümmern, seine Plätze sauber zu halten, es regelmäßig zu füttern, kurzum: Es gut zu versorgen. Sie äußerte ebenfalls ihre Sorge, mein Interesse und meine Hinwendung zu Tieren könnte sich reduzieren – spätestens mit Eintritt der Pubertät würden sich aller Voraussicht nach meine Interessen verändern. Die mahnenden Worte meiner Mutter waren für mich bedeutungslos und Bedenken unbegründet. Ich liebte Tiere, warum also sollte sich an meiner Zuwendung irgendetwas ändern?

Bald schon kam der Moment, als ich mit mehreren Tieren unter einem Dach lebte und einen Großteil meiner Freizeit mit ihnen verbrachte. So führte mich der erste Weg morgens zu ihnen und der letzte Weg abends vor dem Schlafengehen. Glücklicherweise hatte ich ausreichend bewiesen, dass ich "Verantwortung" zu übernehmen bereit war, obwohl der Umgang mit Tieren für mich nie eine Pflicht, sondern immer ein Privileg bedeutete.

So sehr Tiere mein Leben bereicherten, so oft weinte ich mich in den Schlaf aus Trauer, wenn ein Tier verstarb. Gerade in der Kindheit zählten die vielen Tode der Tiere zu meinen schmerzhaftesten Erfahrungen, doch meine Liebe zu ihnen war stets größer als die Angst vor weiteren Verlusten. Infolgedessen ging ich meinen Weg mit Hamstern, Meerschweinchen, Vögeln, Hasen, Hunden, Katzen, Schildkröten, Degus, Schafen und einem Esel. Obwohl ich bereits in frühen Kinderjahren eine mediale Wahrnehmung an mir entdeckte und ich mit den verstorbenen Tieren vermutlich kommunizieren hätte können, stellte sich mir die Frage eines Jenseitskontaktes gar nicht. Eine Verbindung zu meinen Tieren hatte ich für lange Zeit ausschließlich in Träumen. Dort allerdings begegnete ich jedem einzelnen Tier wieder. Erst zu einem späteren Zeitpunkt begann ich allmählich meine Wahrnehmungen auch für Kontaktaufnahmen zu nutzen.

An das Sterben kann man sich auch nach vielen Abschieden nicht gewöhnen, wohl aber ist der persönliche Umgang mit dem Verlust in eine konstruktive Richtung hin veränderbar; und zwar dann, wenn der Tod eine Sinngebung erhält; die Bedeutung des Todes ist – wie Sie später erfahren werden – nicht nur eine natürliche Gegenmaßnahme zur Bevölkerungsexplosion.

Ich empfinde große Dankbarkeit dafür, dass man mich lehrte, zum Tod ein anderes, ganzheitliches Verständnis zu entwickeln, denn ich konnte mich persönlich davon überzeugen, dass der physische Tod "lediglich" das Ende der physischen Existenz bedeutet, nicht aber den Tod der Persönlichkeit.

Ich hoffe, es gelingt mir, speziell trauernden Tierfreunden Unterstützung im Umgang mit dem Tod ihres Tieres zu bieten. Dieses Buch richtet sich aber auch an jene, die sich auf den künftigen Tod eines Tieres vorbereiten wollen oder begreifen möchten, wie Tiere ihr Sterben und ihren Tod erleben. Sie werden erfahren, wie nützlich es ist, aktive Sterbebegleitung zu praktizieren, sich aber auch mit der Kommunikation zwischen Tier und Mensch zu beschäftigen. Eine Verständigung kann das Miteinander auf fruchtbare Weise ergänzen und vor allem Entscheidungen, mit denen der Tierfreund konfrontiert ist, erleichtern. Da der Sterbeprozess für jedes Individuum ein einschneidendes Erlebnis darstellt, ist es wichtig, dass der Abschied von dieser Welt und der Aufbruch in die andere Welt nicht nur mit einem tränenden, sondern auch mit einem lächelnden Auge verstanden werden. Tod bedeutet nicht nur Verlust, sondern ist als Metamorphose des Lebens mit unzähligen neuen Entwicklungen und Ausgangslangen verbunden.

Zweifelsfrei ist der Umgang mit Trauer für Tierfreunde noch schwieriger zu bewerkstelligen als für Menschen, die um ihresgleichen trauern. Es mangelt an gesellschaftlicher Legitimität, seinen Schmerz über den Verlust eines Tieres kund tun zu dürfen. Manche von Ihnen werden bestätigen, wie wenig Mitgefühl sogar Menschen aus dem unmittelbaren Umfeld dafür aufbringen, wenn man den Tod eines Tieres beklagt. Glücklicherweise haben sich in den letzten Jahren die unterschiedlichsten Foren im Internet aufgetan, deren Betreiber sich dieser Thematik annehmen und Betroffenen die Möglichkeit bieten, sich auszutauschen. Gleichzeitig ist damit eine neue, bislang nie dagewesene Trauerkultur im Entstehen – für Menschen, die den Verlust eines Tieres beklagen. Es bleibt zu hoffen, dass sich diese Trauerkultur über die Grenzen des Internets hinaus weiterentwickeln kann. Im Gegensatz zu anderen Kulturen sind Trauermöglichkeiten in unseren Breiten gering und wertvolle Rituale im Laufe der Zeit verschwunden. Auch aus diesem Grund stehen viele Menschen dem Tod machtlos und mit Unverständnis gegenüber. Der Tod wird oft verdrängt und Trauerphasen nicht durchlebt. Sie werden erfahren, wie hilfreich und entlastend es ist, zu trauern, aber auch, wie wichtig es ist, seine Trauergefühle sinnvoll zu transformieren und sich in das Leben wiedereinzugliedern.

Im zweiten Teil des Buches zeigen die Fallbeispiele, wie ich selbst mit dem Tod meiner Tiere umgehe und umgegangen bin und auf welche großartige Unterstützung wir auch seitens der verstorbenen Tiere zählen können.

Im Verlauf des Buches lasse ich immer wieder Napa zu Wort kommen, der vor allem im Zusammenhang mit dem Sterbeprozess des Tieres interessante Details vermittelt. Napa lernte ich im Zuge meines Anthropologie-Studiums und im Anschluss an eine Vorlesung zum Schamanismus kennen, als ich begann, mich mit außergewöhnlichen Bewusstseinszuständen und nicht-alltäglicher Wirklichkeit zu befassen. Er ist eine Persönlichkeit, die nicht mehr in der Physis zentriert ist, mich jedoch seit 22 Jahren bei meiner Arbeit unterstützt und berät. Er ist seit jeher mein wichtigster Lehrmeister.

TEIL EINS

Die Tierinkarnation

Die Ansicht, Tiere, im Besonderem Haus- und "Nutztiere", seien ausschließlich zu unserem Zwecke inkarniert (zB Nahrungserwerb, zum menschlichen Vergnügen oder in dienender Funktion), ist nicht nur anmaßend, sondern schlichtweg falsch. Eine solche Annahme würde ebenfalls implizieren, dass die gesamte Flora und Fauna ausschließlich des Menschen willen existierte. Natürliche Symbiosen unterschiedlicher Organismen zeigen aber, dass das Zusammenleben von Arten für alle Partner Vorteile bringt. Eine Hierarchie, in der der Mensch an oberster Stelle steht, weist dem Menschen eine Position zu, die er aus kosmischer Sicht gar nicht besitzt. Wie alle anderen Lebewesen sind wir Menschen verkörperte Individuen, die vorübergehend dasselbe System nützen.

Unabhängig von der Art der Verkörperung – ob als Mensch oder Tier – bildet der Kern des Individuums die Persönlichkeit (die Seele). Persönlichkeiten verkörpern sich, um in der materiellen Ebene ihre ganz persönlichen Erfahrungen zu sammeln, die im körperlosen Zustand nicht zu erfahren sind. Der Umgang mit Materie erlaubt der Persönlichkeit, ihrer inneren Realität eine physische Form zu geben.

Mythologische und historische Quellen zeigen, dass Tiere seit jeher vom Menschen verehrt wurden, sei es, dass man ihnen bestimmte Kräfte und Qualitäten zuschrieb, sei es, dass man sie als Verkörperung einer innewohnenden Gottheit betrachtete. Im Glauben des indischen Jainismus beispielsweise, steht die Annahme im Vordergrund, Tiere verfügen wie der Mensch über eine ewig währende Seele. Daher gilt das Gebot, weder Menschen noch Tiere zu töten. Gläubige üben bestimmte Handwerksberufe nicht aus, weil sie im Zuge der Tätigkeit vor allem kleine Tiere wie Insekten töten könnten.[1] Manche Jains tragen einen Mundschutz, um nicht versehentlich ein Insekt zu verschlucken. Zufälliges, protektives oder absichtliches Töten verhindert im Glauben der Jains die endgültige Erlösung, die eine Wiedergeburt überflüssig machen könnte. Es ist anzunehmen, dass ein solches Verständnis nicht aus einer bedingungslosen Liebe dem Tier gegenüber resultiert, sondern primär aufgrund eines Dogmas praktiziert wird.

Es ist legitim, wenn Menschen für artfremde Lebewesen nicht dieselbe Sympathie und Liebe aufbringen können, d.h., man muss Menschen zugestehen, dass sie Hinwendung und Zuneigung nur unter ihresgleichen empfinden. Trotzdem sollte in Anbetracht der Tatsache, dass alle Lebewesen einen Lebensraum teilen, Respekt und Hilfsbereitschaft gegenüber anderen an vorderster Stelle stehen. Nicht ein Naheverhältnis, sondern vielmehr Mitgefühl ist dafür erforderlich. Wenn vor Ihren Augen ein Mensch verunfallt, werden Sie sich um seinen Zustand erkundigen und nötigenfalls rettende Maßnahmen einleiten bzw. Hilfe herbeirufen, auch wenn Sie die-

---

[1] Feuerbaum, Ernst: Reise in andere Welten. Vergleichende Betrachtungen, S. 148, BoD, 2003.

sen Menschen nicht kennen. Jene, die Mitgefühl für Tiere aufbringen können, können sehr gut verstehen, warum Menschen Tiere retten, sich um sie sorgen oder trauern, wenn das Tier stirbt.

Inkarnationen sind nicht zwingend linearer und niemals hierarchischer Natur. Die Inkarnation ist nicht an ein gattungsspezifisches Kriterium gebunden, sondern an spezifische Erfahrungs- und Erlebniswelten mit dazugehörigen, individuellen Bewusstseinsformen. Für die Seele bzw. die Persönlichkeit sind Bewusstseinsformen nicht höher oder niedriger, mehr oder weniger von Bedeutung, sondern in jeder Form erlebenswert. Jede Spezies verfügt aber im verkörperten Zustand über ein artspezifisches Bewusstsein, ansonsten wäre ein kollektiver Lebensraum und eine soziale Organisation undenkbar.

Persönlichkeiten, die eine Tierinkarnation wählen, sind solche, die den Erlebens- und Erfahrungsreichtum der Spezies Tier erkunden wollen und damit verbundene Merkmale (zB kognitive Fähigkeiten und Leistungen). Es ist aber auch von Interesse, warum eine Persönlichkeit die Verkörperung eines Kamels jener eines Hasen vorzieht oder warum die Seele als domestizierter Hund anstatt als Wolf inkarniert. Auf diesem Gebiet gäbe es noch unzählige Fragestellungen. Napa äußert sich dazu wie folgt:

"Die Exploration ist jeder Persönlichkeit eigen und zeigt sich im inneren Drang, Gestalt annehmen zu wollen. Welche Gestalt und welchen Körper ein Individuum annimmt, liegt im individuellen Dafürhalten. Ein biologisches Bewusstsein stattet die Persönlichkeit mit Funktionen und Attitüden aus, die Individuen teilen und die unter anderem den Kommunikationszwecken dienen. Trotzdem aber legt jede Persönlichkeit ihre individuelle Note in die Verkörperung. Das Fell des Tieres, sein Gefieder, seine Wolle oder Haut stellen die äußere Begrenzung seines Körpers zur Umwelt dar. Wie diese Begrenzung gestaltet ist, geschieht nach persönlichen Vorlieben. Ausreichend Erfahrungsreichtum besteht ebenso in der Art wie das Fell geschaffen ist, ob es kurz- oder langfellig ist, welche Struktur es aufweist und wie funktionell es in der biologischen Organisation ist. Die Abgrenzung der Persönlichkeit zu ihrem Umfeld ist jeder Persönlichkeit wichtig."

Dies bedeutet, dass die Art der Verkörperung sorgfältig gewählt wurde und Tiere nicht zufällig bestimmte äußere Charakteristika aufweisen und auch nicht zufällig als Kamel oder als Hase verkörpert sind. Dies bedeutet aber nicht, dass genetische Gesetze an Bedeutung verlieren - im Gegenteil. Die Verkörperung ist als Summe persönlicher Vorlieben und bestehender, materieller Ausgangslagen zu sehen.

Tatsache ist, dass sich durch eine Mensch-Tier-Beziehung neue Erfahrungen aus dem Miteinander ergeben, die sowohl für den Menschen als auch für das Tier von unschätzbarem Wert sind. Auch hier kann man auf Persönlichkeiten und ihre Lebensthemen Rückschlüsse ziehen: Erfahrungen im Mensch-Tier-Gefüge zeigen immer besonderes

Interesse am Erleben und Erkunden anderer, übergreifender Bewusstseinsformen auf.

Jeder Tierfreund und jedes Tier verfügt über individuelle Themenbereiche und Lebensaufgaben. Wo sich Persönlichkeiten manifestieren, herrscht niemals charakterliche Konformität, sondern vielmehr Individualität; dennoch können dem Miteinander ähnliche Lebensthemen entspringen. Wenn Sie eine Wohnungskatze mit einer in der freien Natur lebenden Katze vergleichen, ergeben sich völlig unterschiedliche Themenbereiche, die das Tier während der Dauer seiner Verkörperung betreffen. Beide Tiere haben artspezifische Anlagen, doch konträre Lebensthemen, die im Besonderen die Bereiche Nahrung und Nahrungsbeschaffung, das Erleben von Jahreszeiten, Gefahren unterschiedlicher Art, den Umgang mit Artgenossen, die emotional-körperliche Nähe zum Menschen sowie die Fortpflanzung betreffen.

Die Tierinkarnation ist aber auch außerhalb des Mensch-Tier-Gefüges von Bedeutung. So erleben ein Fuchs, ein Marder, ein Maulwurf oder eine Schlange ihren individuellen Inkarnationszyklus, der sich auf das Tier-Sein ohne Bezug zum Menschen manifestiert. Auch aus der Verkörperung dieser Tiere ergeben sich Erfahrungen, die der Persönlichkeit in ihrer Entwicklung dienen.

Tiere erleben eine Vielfalt an Erfahrungen, die sich in sozialen Formen des Zusammenlebens mit arteigenen oder artfremden Tieren ergeben. Auch wenn sich Tiere in Herden, Schwärmen oder Staaten organisieren, ist jedes Individuum als Persönlichkeit verkörpert. Manche Tiere empfinden ausschließlich Zuneigung zu artgleichen Tieren, für andere wiederum ist die Art der Verkörperung sekundär. Die unterschiedlichsten Tierfreundschaften beweisen dies. So ist auch zu erklären, dass manche Hunde eine überaus harmonische Koexistenz mit Nagetieren und/oder Katzen eingehen und Erfüllung im Miteinander finden. Tiere kennen natürlich Formen der Zuneigung und Ablehnung und es ist nicht verwunderlich, dass sie sich mit einigen besser verstehen als mit anderen. Auch Tiere stehen manchmal vor der Herausforderung, sich mit Artgenossen beschäftigen zu müssen, die sie nicht leiden können. Dies ist nur eine Erfahrung von vielen, die Tiere zur eigenen Persönlichkeitsentwicklung heranziehen.

Es zeigt sich, dass Inkarnationen stets mit unzähligen Gefühlsqualitäten verbunden sind und im verkörperten Erleben einen wesentlichen Teil der Lebenserfahrung ausmachen.

Der letzte Lebensabschnitt und das Umfeld des Tieres

Wenn Ihr Tier als Jungtier zu ihnen kam, zum erwachsenen Tier heranwuchs und vielleicht ein hohes Alter erreichte, dann erlebten Sie und das Tier viele, zum Teil unterschiedliche Lebensabschnitte. In jedem dieser Abschnitte setzte sich das Tier mit seinem Umfeld und den materiellen Ausgangslagen auseinander. Es nutzte seinen Lebensraum als Spielfeld und Bühne, mit der glückliche und weniger glückliche Momente verbunden waren. Nicht zuletzt waren Sie selbst eine wichtige, vielleicht sogar die wichtigste Bezugsperson im Leben des Tieres.

Irgendwann aber reduzieren sich die Lebenskräfte jedes Individuums und kündigen einen baldigen Abschied von dieser Welt und dieser Bühne an. Dann wird deutlich, dass die Verkörperung nur von begrenzter Dauer ist und sich jeder Körper aufgrund physischer Gesetze in den Zyklus von Werden und Vergehen eingliedert. Auch diesen Bedingungen willigte die Persönlichkeit ein, ehe sie als Jungtier geboren wurde.

Wenn das Tier im letzten Lebensabschnitt unter einer chronische Krankheit leidet, ist es sinnvoll, sich die Bedürfnisse des Tieres vor Augen zu halten, denn im Zustand von Krankheit nimmt das Umfeld des Patienten eine zentrale Rolle ein und kann dem Tier Erleichterung oder aber Erschwernis bringen. Die körperlichen Veränderungen bedeuten für jedes Individuum eine persönliche Herausforderung, mit der jedes Tier unterschiedlich umgeht. Auch unter Tieren gibt es solche, die Schmerzen oder körperliche Einschränkungen besser bzw. schlechter ertragen als andere. Einige allgemeine Aspekte, die das Umfeld betreffen, können für das Tier in dieser Phase seines Lebens von Bedeutung sein. In welchem Umfeld es sich wohl fühlt, hängt maßgeblich von seiner Persönlichkeit ab. Daher ist es spätestens nun an der Zeit, sich mit den Persönlichkeitsmerkmalen und Bedürfnissen des Tieres auseinanderzusetzen. Wie reagiert das Tier auf Lautstärke, Licht, Geräusche, welche Liegeplätze bevorzugt es (hart oder weich, zentral oder abgelegen), wie sieht es mit seinem Wärme- oder Kälteempfinden aus? Wieviel Zuwendung und Aufmerksamkeit wünscht sich das Tier?

Rituale

Viele Tiere, Katzen im Besonderen, sind Gewohnheitstiere, sie fühlen sich durch tägliche Rituale, manchmal um die gleiche Uhrzeit ausgeführt, sicher und wohl. Die Tier-Homöopathie verweist in diesem Zusammenhang auf einen bestimmten Konstitutionstyp, der aufgrund seiner Zwanghaftigkeit besonders auf sich aufmerksam macht und speziell Katzen betrifft.[2] Bestimmte Rituale müssen auch bei gesunden Katzen regelmäßig erfolgen, da jede Abweichung eine Irritation beim Tier auslösen könnte. Erinnern Sie sich bitte

---

[2] Krüger, Christiane P.: Praxisleitfaden Tierhomöopathie. Vom Arzneimittelbild zum Leitsymptom, S.86, Sonntag-Verlag, 2006.

an frühere Lebensphasen! Wenn das Tier Sie auch am Wochenende unsanft aus dem Schlaf holte, weil Sie wochentags um eine bestimmte Zeit das Futter zubereiteten oder einen Spaziergang machten, dann sollten Sie überprüfen, ob Ihr Tier auch in anderen Situationen festgefahrene Gewohnheiten besitzt. In diesem letzten Abschnitt sollte trotz bestimmter Pflegemaßnahmen (Medikamentengabe, Tierarztbesuche etc.) ein gewisser Alltag Platz haben, um speziell Tieren mit der Tendenz zu zwanghaftem Verhalten ein vertrautes Umfeld zu garantieren.

Tierarztbesuche

Gehäufte Tierarztbesuche sind meist Teil des letzten Lebensabschnittes. Viele Tiere fürchten auch im gesunden Zustand eine Untersuchung durch den Arzt. Für jene, die nicht nur krank, sondern bereits sehr schwach sind und sich deshalb auch nicht mehr zur Wehr setzen können, ist der Tierarztbesuch mit hohem Stressfaktor verbunden. Daher empfiehlt es sich, noch in der Phase der Diagnosefindung, das Tier ausreichend untersuchen zu lassen, um in kurzer Zeit möglichst viele Informationen zum Gesundheitszustand und zur Therapie bzw. Schmerzlinderung zu erhalten. Mehrere Arztbesuche sind vor allem kurz vor dem Tod, so gut es geht, zu vermeiden. Dennoch sollte sicher gestellt sein, dass das Tier möglichst frei von Schmerzen ist und die notwendigen Medikamente erhält.

Auch wenn eine chronische Krankheit diagnostiziert wurde, bedeutet dies nicht, dass das Tier zwangsläufig in kurzer Zeit sterben wird. Gerade für Herzpatienten oder Tiere mit Schilddrüsenerkrankungen gibt es wirksame und lebensverlängernde schulmedizinische, natürlich auch homöopathische Arzneien und Möglichkeiten (zB Operationen), die dem Tier einen Teil der Lebensqualität zurückgeben. Nierenpatienten beispielsweise, müssen gerade in der letzten Phase ihres Lebens häufig mit Flüssigkeit versorgt werden, da sie meist stark ausgetrocknet bzw. dehydriert sind. Eine Verabreichung von Infusionen verhilft dem Tier zu mehr Wohlbefinden. Da die Flüssigkeitsgabe mehrmals in der Woche notwendig wird, ist es ratsam, das Tier selbst zu infundieren, auch wenn es zunächst Überwindung kostet. Viel unnötiger Stress wird dadurch vermieden und Tiere gewöhnen sich schneller an das Procedere als Sie denken. Tierärzte raten ebenfalls zu diesem Vorgehen.[3] Im letzten Lebensabschnitt hat sich die Homöopathie als wirksam und fruchtbar erwiesen, denn je nach Krankheitsstadium kann sie den Fortschritt chronischer Erkrankungen verlangsamen und/oder gezielt Schmerzen lindern. Sie stellt aber auch Arzneien zur Verfügung, die eine Sterbehilfe ermöglichen und Erleichterung bringen. Das Aufsuchen eines klassischen Tierhomöopathen ist in jedem Fall und zu jedem Zeitpunkt ein wertvoller Schritt.

---

[3] Hamilton, Don.: Homöopathie für Hunde und Katzen. Kleine Gaben für kleine Tiere. Sonntag Verlag, 2005.

Individualdistanz

Im Zustand von Krankheit suchen viele Tiere die Ruhe und lehnen eine Rundumbetreuung ab. Da sich Tierfreunde verantwortlich für das Tier fühlen, neigen sie manchmal dazu, die notwendige Individualdistanz zu überschreiten. Es gibt Tiere, die Zuneigung und Hinwendung in großem Maße benötigen, für andere wiederum ist die bloße Anwesenheit des Menschen ausreichend, um sich wohl und umsorgt zu fühlen. Wenn ein solches Tier im Übermaß (emotional) versorgt wird und der Mensch kaum noch einen Blick vom Patienten abwenden kann, wird sich das Tier beengt und unwohl fühlen. Dann wird jedem Tierfreund auffallen, dass der Hund oder die Katze die Zuneigung nicht erwidert oder sogar die Hilfestellung und Kooperation verweigert.

Besuche, Ausflüge und gemeinsame Zeit

Denken Sie auch an die Zeit zurück, in der ihr Tier gesund war und erinnern Sie sich an Menschen oder Tiere, von denen Sie und Ihr Tier zu einem früheren Zeitpunkt besucht wurden! Dem kranken Tier kann es Momente der Freude bringen, wenn Sie erneut Besuch einladen, den das Tier besonders schätzt. Chronisch kranke Tiere leiden meist unter Bewegungsmangel und können sich selbst nicht mehr auf Erkundung begeben; daher kann ein Besuch eine sinnvolle Abwechslung bewirken und den Alltag des Tieres verbessern. Speziell mit Hunden, deren Bewegungsmöglichkeit stark eingeschränkt ist, ist es möglich, an Plätze zu fahren, die früher ein beliebtes Ausflugsziel waren. Wenn Spaziergänge nicht mehr möglich sind, kann ein Ausflug mit dem Auto (sofern das Tier das Autofahren mag) ebenfalls Abwechslung bringen. Beginnen Sie, die Zeit mit Ihrem Tier bewusst zu nützen und sich mit ihm zu beschäftigen! Genießen Sie vor allem die gemeinsamen Momente und schenken Sie Ihrem Tier Zeit und Aufmerksamkeit!

Körperhygiene

Tiere legen großen Wert auf Körperhygiene. Schwer kranke Tiere, die ihre Körperhygiene nicht mehr ausführen können, sind im Allgemeinen dankbar dafür, wenn sie mit einem feuchten, warmen Tuch gereinigt werden. In einer Gemeinschaft mit mehreren Tieren (v.a. Katzen) zeigt sich, dass oft gesunde Tiere diese Arbeit übernehmen.

Mehrtierhaushalt

Wenn sich mehrere Tiere in der gleichen Familie befinden, ist es wichtig, keines der anderen Tiere zu vernachlässigen. Je unausgeglichener die allgemeine Atmosphäre, desto unangenehmer ist die Situation für den Kranken. Die gesunden Tiere sollen daher in die letzte Lebensphase des betroffenen Tieres integriert werden. Wenn auch sie optimal versorgt sind, werden sie ihren Teil dazu beitragen und die gesamte Situation positiv beeinflussen. So können sich völlig neue Verhaltensweisen zeigen: Tiere, die sich bislang nicht besonders nahe standen, einander ablehnten oder sich sogar körperlich attackierten, können unter Umständen ihr Verhalten aufgrund dieser speziellen Situation verändern. Dann kann es geschehen, dass gesunde Tiere das kranke unterstützen, indem sie Körperkontakt suchen oder einfach Gesellschaft leisten. Immer wieder konnte ich im Lauf der Jahre beobachten, wie liebevoll Tiere mit Artgenossen oder auch artfremden Tieren umgehen, wenn sich diese kurz vor ihrem körperlichen Ende befinden. Sie leisten ihre persönliche, ganz spezielle Form der Sterbehilfe.

Kommunikation

Seit das Tier bei Ihnen lebt, ist es gewohnt, Sie sprechen, lachen, reden oder weinen zu hören. Führen Sie die Kommunikation auch dann fort, wenn ihr Tier schwer krank ist, denn damit tragen Sie zum Alltagserleben des Tieres bei! Tiere sind ausgezeichnete Scanner von Gefühlslagen. Versuchen Sie bitte Ihrem Tier mit Optimismus und Motivation zu begegnen anstatt mit Verzweiflung, Sorge und Angst! Im Zustand von Krankheit sind solche Gefühlsqualitäten besonders destruktiv. Ein Zuspruch Ihrerseits reduziert Nervosität und Angst – nicht nur bei Ihrem Tier, sondern auch bei Ihnen selbst.

Wenn dem Tierfreund bewusst wird, dass sich das Miteinander dem Ende neigt und der körperliche Zustand des

Tieres unmissverständlich darauf hindeutet, wünschen sich Menschen oft, dem Tier (noch) etwas Bestimmtes mitteilen zu können bzw. zu erfahren, wie es ihm geht, ob es Schmerzen hat, Ängste oder bestimmte Bedürfnisse. Im nachfolgenden Kapitel erfahren Sie, welche Form der Kommunikation eine Verständigung zwischen Mensch und Tier möglich macht und wie Sie diese gezielt anwenden können.

Telepathie nach Rupert Sheldrake. Verständigung zwischen Mensch und Tier

Die Verständigung zwischen Mensch und Tier ist komplex, aber sie funktioniert, wenn man einige Regeln beachtet. Tiere sind nicht nur in der Lage, menschliche Gefühlslagen zu erfassen, sie sind auch in der Lage, Signale zu senden. Die Fähigkeiten, die Tiere in kommunikativer Hinsicht aufweisen, sind mir lange bekannt; daher versuchte ich Wege zu finden, um eine Kommunikation mit ihnen zu bewerkstelligen. Im Laufe der Zeit stellte ich fest, dass Tiere nicht nur meine Gefühlslagen scannen, sondern auch meine Gedanken verstehen können. Das heißt, sie erfassen telepathisch, welche Gedanken ich führe.

Beispielsweise habe ich es mir abgewöhnt, abends in den umzäunten Garten zu gehen, um meine Katzen zu suchen. Ich rufe sie gedanklich und bitte sie, in die Wohnung zu kommen. In der Regel sind die Tiere bereit, diese Bitte zu erfüllen. Binnen weniger Minuten hört man das Betätigen der Katzentüre, die als Verbindung zum Außenbereich montiert ist und ich bedanke mich bei dem Tier, dass es nach Hause gekommen ist. Es kann aber durchaus vorkommen kann, dass ein Tier keine Lust hat, den Garten zu verlassen. Interessanterweise sagte niemals ein Tier zu mir: "Ich mag nicht kommen", sondern es zeigt mir, was es gerade tut. Meist sind die Tiere mit Beobachtungen beschäftigt, in denen sie stark konzentriert sind oder sie halten gerade ein Schläfchen und wollen deshalb nicht gestört werden. Dann zeigen Bildsequenzen, dass die Tiere schlafen oder ruhen. In unserer Katzenfamilie gibt es ein Mitglied mit besonders ausgeprägten telepathischen Fähigkeiten, es ist Kater Ennes. Ich entdeckte seine Fähigkeiten, weil mir auffiel, dass er auf meine (unausgesprochenen) Gedanken mit einem bestimmten Verhalten reagierte.

Ennes hatte seit jeher ein schlechtes Gebiss, weshalb ich eines Tages begann, Mundhygiene zu praktizieren, von der ich mir eine deutliche Besserung erhoffte. Die Mundhygiene wird in regelmäßigen Abständen, nicht aber exakt jeden, jeden zweiten oder vierten Tag durchgeführt. Wenn mir allerdings in den Sinn kommt, dass sie wieder notwendig wird, kann ich damit rechnen, dass der Kater sofort erschrocken aufsieht und den ersten Fluchtversuch unternimmt – auch wenn er gerade ruht oder beim Spielen ist. Da das Procedere nicht in gleichen Abständen erfolgt, kann Ennes auch nicht den genauen Zeitpunkt erahnen. Er weiß trotzdem genau, wann seine Zähne geputzt werden, denn er erfasst meinen Gedanken und zwar unverzüglich. Oft schon habe ich versucht, diesen Gedankenaustausch zu umgehen, doch es ist mir bislang nicht gelungen. Das Problem: Es dürfte mir der Gedanke gar nicht in den Sinn kommen. Dies zeigt, dass eine telepathische Kommunikation deutlich untrügerischer ist als ein Austausch über die menschliche Sprache. Sie ermöglicht es nämlich, gedankliche Inhalte mit einem gegenteiligen Sinn zu formulieren. Beispielsweise können Sie Ihrem Gegenüber sagen, dass es Ihnen gut geht, auch wenn dies nicht der Wahrheit entspricht. Tiere, im Gegensatz zum Menschen, wissen sofort, ob eine Information echt ist und sie sind nicht zu täuschen, indem man destruktive Gedanken mit blumiger und melodiöser Sprache überlagert.

Nicht immer bin ich es, die versucht, Tiere gedanklich zu erreichen. Umgekehrt setzen sich auch Tiere mit mir in Verbindung, um mir bestimmte Gedanken zu übermitteln. Wenn beispielsweise versehentlich eines meiner Tiere in einer Gartenhütte eingesperrt ist, kommt nach nicht allzu langer Zeit der bildliche Ruf, es von dort zu befreien.

Meine Erfahrungen sind nicht außergewöhnlich, sondern reihen sich lediglich in weitere Fallbeispiele von Rupert Sheldrakes Untersuchungen ein. Tierfreunde weltweit kennen dieses Phänomen. Zu meinem Vorteil ist allerdings die Tatsache, dass nicht nur die Tiere meine Gedanken- und Gefühlswelt erfassen können, sondern auch ich die ihrige, was sicherlich dem Umstand zuzuschreiben ist, dass ich dieser Kommunikation mehr Beachtung schenke als andere und diesem Austausch Raum zur Entwicklung gebe. Besonders zum Thema "Telepathie"[4] hat Rupert Sheldrake wertvolle Arbeit geleistet und zwar in seinem Buch *Der Siebte Sinn der Tiere.* Rupert Sheldrake ist Entwicklungsbiologe, der es sich zur Aufgabe macht, Wissenschaft als Methode zur Erforschung des Unbekannten zu betreiben. Dadurch bringt er

[4] Unter dem Begriff *Telepathie* ist die Übertragung von Informationen von einem Lebewesen auf ein anderes zu verstehen, die weder durch sinnliche (optisch, akustisch, taktil etc.) Einflussnahme noch durch andere physikalisch messbare Wechselwirkungen erklärbar ist. Der Begriff *Telepathie* wurde vom Briten Frederic Meyers im Jahr 1882 vor der Psychical Research (SPR) in London eingeführt.

viele wertvolle Impulse in die wissenschaftliche Landschaft. Als typische Merkmale für Telepathie bei Tieren führt Sheldrake[5] folgende an:

1. Die Telepathie bei Tieren ist der Einfluß von Tieren auf andere Tiere, unabhängig von den bekannten Sinnen
2. Telepathie spielt sich gewöhnlich zwischen nahe verwandten Tieren ab, die derselben sozialen Gruppe angehören. Mit anderen Worten: Sie findet zwischen Tieren statt, die miteinander 'verbunden' sind
3. In Schwärmen, Scharen, Herden, Rudeln und anderen sozialen Gruppen kann die telepathische Kommunikation eine wichtige Rolle bei der Koordinierung der Aktivität der Gruppe als einem Ganzen spielen
4. Zumindest bei Vögeln und Säugetieren hat die Telepathie etwas mit Emotionen, Bedürfnissen und Absichten zu tun. Zu den telepathischen kommunizierten Gefühlen zählen Angst, Unruhe, Aufregung, Hilferufe, Rufe, zu einem bestimmten Ort zu gehen, Vorahnungen einer Ankunft oder Abreise sowie Kummer und Sterben

Der Autor verweist darauf, dass diese Prinzipien auch für die telepathische Kommunikation zwischen Menschen und Tieren gelten, die einander verbunden sind. Sheldrakes Bestreben ist es, dass Telepathie nach weiterer Forschungsarbeit als normale und nicht paranormale Fähigkeit anerkannt wird,

[5] Sheldrake, Rupert: Der Siebte Sinn der Tiere. Warum Ihre Katze weiß, wann Sie nach Hause kommen, und andere bisher ungeklärte Fähigkeiten der Tiere. S. 202-203, Scherz, 2001.

weil sie einen Aspekt der Biologie sozialer Gruppen und sozialer Kommunikation darstellt. Naturgemäß unterscheidet sich die Sprache von Tieren und Menschen, wenn aber die Grundmerkmale der tierischen Sprache dekodiert werden und man weiß, wie Tiere kommunizieren, wird auch das Berufsfeld Tierkommunikation oder jenes des Pferdeflüsterers eines Tages keinen paranormalen Charakter mehr haben.

Das Wissen um die Grundzüge dieser Kommunikation macht eine entsprechende Praxis nicht überflüssig – ganz im Gegenteil. Nicht nur Tiere reagieren auf Gedanken oder Absichten des Menschen, auch Menschen können von Tieren gedanklich gerufen bzw. auf telepathischem Wege erreicht werden, wie Sheldrake beschreibt. Der Autor bemerkt allerdings, dass Menschen weniger empfänglich für Einflüsse der Tiere sind oder aber diesem Aspekt weniger Aufmerksamkeit schenken. Letzteres Argument erscheint mit plausibler. Wir haben unsere telepathischen Fähigkeiten nie regelmäßig anzuwenden und zu verbessern versucht. Dass Kommunikation jedoch in beiden Richtungen möglich ist, bezweifelt Sheldrake nicht und zeigt Fallbeispiele von Hunden, Katzen, Pferden, Kühen und Schafen auf, die deutlich machen, dass Tiere in Not oder Bedrängnis, Notsignale übermitteln, die der Mensch wahrnimmt. So etwa zitiert er Tierhalter, die beschrieben, in der Nacht von dem Tier (obwohl dieses räumlich nicht anwesend war), geweckt worden zu sein und plötzlich gewusst zu haben, dass sich das Tier in einer Notsituation befindet. (Sheldrake 2001: 179).

Der Austausch zwischen Mensch und Tier ist, wie zuvor beschrieben, zwar nicht über die Sprache, wohl aber über telepathische Verständigung möglich. Am Beispiel des "gedanklichen Rufens", das Sheldrake anführt, geschieht folgendes: Das Tier reagiert zunächst auf seinen Namen und weiß, dass es angesprochen ist. Es ist in der Lage, den Namen mit seiner Persönlichkeit in Verbindung zu bringen und zwar deshalb, weil der (rufende) Mensch gleichzeitig zur Namensnennung meist unbewusst ein Abbild des Tieres definiert. Wenn das Tier gerufen wird, stehen aber auch ganz besondere Gefühlsqualitäten damit in Verbindung: Es ist eine Mischung aus Aufregung und Unruhe, die das Tier als Gefühl erfassen kann. D.h. das Tier erscheint nicht wie gewünscht, weil Sie sprachlich einen Satz formulieren (zB Komm bitte nach Hause, ich habe Futter vorbereitet), sondern weil es Ihre Unruhe spürt und mit seiner Anwesenheit zeigen kann, dass es wohlauf ist. Sie sollten daher beachten, dass Tiere eine Kombination von Bildern und Gefühlen am besten wahrnehmen können. Wenn Sie dem Tier beispielsweise übermitteln wollen, dass es wichtig ist, ihm Medikamente zu geben, dann müssen Sie eine bildliche Kombination aus dem Medikament, Ihrer Handlung und der gefühlten Konsequenz übermitteln.

Damit Ihr Tier die Information auch annimmt, sollten Sie eine Gelegenheit nützen, in der das Tier wach, aber entspannt ist. Auch Tiere sind nicht immer gleich aufmerksam und in manchen Situationen auch nicht gesprächsbereit. Wenn Sie den richtigen Moment gewählt haben, denken Sie an das Medikament, das sich beispielsweise in einer Plastikspritze (Gegenstand) befindet und die Sie zum Mund des Tieres führen (Handlung). Versuchen Sie sogleich ein Gefühl des Wohlbefindens (Konsequenz) zu realisieren! Sicherlich braucht es zunächst etwas Übung, Gefühle spontan empfinden zu können. Assoziieren Sie mit Wohlbefinden ein Gefühl, das ihrem persönlichen Wohlbefinden entspricht! Stellen Sie sich zum Beispiel das Gefühl vor, nach einem langen Arbeitstag in der Badewanne liegen zu können! Extrahieren Sie dabei aber die Orte, an denen Sie das Gefühl empfanden und versuchen Sie lediglich die Gefühlsqualität zu erfassen! Wenn Sie dem Tier übermitteln können, was Sie vor haben, wird es Ihre Handlungen, vor allem solche, die es nicht kennt, besser verstehen und akzeptieren. Auf diese Weise konnte ich etliche meiner Tiere davon überzeugen, dass Ihnen die Medizin nicht schadet, sondern hilft. Bevor ich zu dieser Art der Übermittlung gefunden habe, bedeutete das Verabreichen von Medizin Stress für alle Beteiligten. Es ist schon lange Zeit nicht mehr notwendig, den Tieren die gesamte Bild- und Gefühlskombination zukommen zu lassen, weil sie mittlerweile wissen, dass das Wort "Medizin", das ich als einziges Wort beim Senden der Gedanken und Gefühle ausgesprochen habe, eben genau diesem Ablauf entspricht.

Auf diese Weise können Sie speziell ängstlichen Tieren einen Teil ihrer Furcht nehmen, weil Sie ihnen im Vorfeld Ihre Absichten vermitteln. Tiere, die mehr oder weniger furchtlos sind oder fast alles mit sich geschehen lassen, werden sich ohnehin die Medizin problemlos geben lassen. Beginnen Sie mit einfachen Kombinationen! Wenn Sie möchten, dass Ihr Hund oder ihre Katze ins Haus kommt, weil Sie Futter vorbereitet haben, dann führen Sie zunächst den gedanklichen Ruf mit Namensnennung aus und übermitteln sogleich das gedankliche Bild des Futternapfes. Wenn Sie gleichzeitig laut "Futter!" rufen und gedanklich die Bildsequenz übermitteln, wird das Tier eine Verknüpfung herstellen und nach einiger Zeit wissen, was das Wort "Futter" bedeutet.

Dieses Prinzip können Sie auf alle Themengebiete anwenden, die Sie dem Tier übermitteln wollen. So beispielsweise kann auch das Thema "Tod" von Ihrer Seite aus angesprochen werden. Wenn Sie den Abschied thematisieren und Ihrem Tier zeigen wollen, was es beim Sterben zu erwarten hat, dann verwenden Sie wieder eine Kombination von Bildern und Gefühlsqualitäten, wie beispielsweise folgende: Stellen Sie sich Ihr Tier als Abbildung ähnlich einer Fotografie vor (Gegenstand/Person/Tier), formen Sie nun das Bild, wie das Tier aus seinem Körper austritt (Handlung) und assoziieren wiederum eine Gefühlsqualität (zB des Entdeckens, der Neugier oder eines Aha-Effekts) als Konsequenz. Natürlich ist es möglich, mehrere Bildsequenzen zu übermitteln. Sie können den Austritt des Körpers auch um Bewegungsfreihcit, die Anwesenheit von Artgenossen/ menschlichen Bezugspersonen oder um einen Willkommensgruß der nicht sichtbaren Welt erweitern.

Sie werden bald sehen, wie anstrengend und ungewohnt eine derartige Übermittlung ist. Tierc, speziell Katzen, sind Individualisten und setzen mehr als Hunde ihre eigenen Bedürfnisse durch. Das bedeutet, sie können in Bezug auf Katzen nicht erwarten, dass sie alles ausführen, wonach Ihnen vielleicht der Sinn steht. Das Entscheidungsrecht des Tieres sollte daher immer berücksichtigt werden. Auf menschlicher Ebene verhält es sich ähnlich: Wenn Sie einem Menschen etwas mitteilen, bedeutet dies nicht, dass er Ihre Meinung und Ihre Vorhaben auch unterstützt.

Wie aber können Sie von Ihrem Tier Informationen erhalten? Auch das Tier wird Ihnen Gefühle zu übermitteln versuchen. Wenn Sie also nonverbale Nachrichten empfangen wollen, müssen Sie lernen, sich empfangsbereit zu machen. Versetzen Sie sich zunächst in einen leichten Entspannungszustand und versuchen Sie dann eine gedankliche Verbindung zu Ihrem Gegenüber (Tier) aufzubauen! Stellen Sie sich vor, das Gefühl des Tieres gelange über einen Verbindungskanal zu Ihnen. Mit etwas Übung wird es auch gelingen, andere Impulse wahrzunehmen. Sicherlich ist der Empfang solcher Informationen für Ungeübte schwieriger zu handhaben, als einen Sendevorgang zu bewerkstelligen. Wir Menschen sprechen unsere eigene Sprache und verfügen nicht über die telepathische Kommunikationspraxis, die Tiere aufweisen.

In diesem Zusammenhang möchte ich auf Temple Grandin[6] Bezug nehmen, Dozentin für Tierwissenschaften an der Colorado State University. Ihre Biografie ist deshalb so außergewöhnlich, weil die Wissenschafterin wesentliche Erkenntnisse zum Empfinden und Denken der Tiere beisteuern kann. Temple Grandin zeigte bereits als Kleinkind Auffälligkeiten, weil sie bis zum Alter von drei Jahren aufgrund einer Hirnschädigung nicht sprechen konnte. Trotzdem ermöglich-

---

[6] Grandin, Temple: Animals in Translation. Using the Mysteries of Autism to Decode Animal Behavior, Scribner, 2005.
Grandin, Temple: Thinking in Pictures. And other Reports from My Life with Autism, Vintage Books, 2006.

ten ihr die Eltern eine Ausbildung in Privatschulen und letztlich das Studium der experimentellen Psychologie an der Universität in Illinois, wo sie ihre Doktorarbeit im Fach Tierpsychologie schrieb. Als Autistin erlernte sie mühsam ihre eigene Muttersprache wie eine Fremdsprache und ist der Überzeugung, dass sie speziell im Zusammenhang mit Gefühlswelt und Kommunikation verblüffende Ähnlichkeiten zu Tieren, speziell Kühen aufweist.

Obwohl sie ihren Wortschatz stetig erweiterte und in der Lage ist, Vorlesungen über Stunden zu halten, ist ihre Gefühlswelt, wie sie sagt, anders strukturiert als die der Durchschnittsbevölkerung und Tieren wesentlich ähnlicher. Daher erforscht sie die unterschiedlichen Gefühlswelten der Tiere wie Angst, Aggression, Liebe, Freundschaft etc. auch aufgrund eines persönlichen Hintergrundes und untermauert, dass Bewusstsein keiner Sprache bedarf. Sie betont die Ähnlichkeiten von Gefühlswelten zwischen autistischen Menschen und Tieren, die beide ausgeprägte Empfindungen für Details aufweisen und daher "vor lauter Bäumen den Wald nicht sehen können." Grandin äußert ebenfalls, ein normal funktionierendes, menschliches Gehirn filtere Details wesentlich stärker, mache den Besitzer aber dadurch blind für die Umwelt, die ihn umgibt.

Sie untersucht, wie autistische Menschen und Tiere ihre Emotionen nützen, um zu denken, zu unterscheiden und wie sie präkognitive Erlebnisse verarbeiten bzw. ihre schärfere Wahrnehmung einsetzen.

Sterbebegleitung für das Tier. Warum?

Tiere können den Zeitpunkt ihres eigenen körperlichen Endes sehr gut einschätzen. Durch ihr Verhalten und durch Signale, die sie geben, erkennen wir, dass der Tod kurz bevor steht. So kann sich das Tier allmählich zurückzuziehen, der Anwesenheit des Menschen (sofern noch möglich) aus dem Weg gehen oder auch Hilfe, die der Tierfreund leistet, ablehnen, obwohl sie kurz zuvor noch angenommen wurde. Interpretieren Sie dieses Verhalten nicht falsch und gegen Sie persönlich gerichtet! Genau dieses Verhalten bietet dem Tier die Möglichkeit, Ihnen zu zeigen, dass seine Kräfte erschöpft sind und es sich auf das Sterben vorbereitet. In diesem Stadium bietet die Sterbebegleitung große Unterstützung; sie erfordert allerdings nicht nur ein passendes Umfeld für das kranke Tier, sondern auch Ihr eigenes Zutun mit Verständigungsmechanismen, die das Tier versteht. Allem voran steht jedoch Ihre persönliche Auseinandersetzung mit dem Thema Tod und auch hier gilt, wenn Sie den Tod fürchten und diesem Ereignis mit völligem Unverständnis und Ablehnung gegenüber stehen, wird sich ihre Gefühlslage auf das Tier übertragen. Wenn es Ihnen aber gelingt, im Tod einen Neuanfang zu sehen, der Ihrem Tier, aber auch Ihnen selbst neue Möglichkeiten offenbart, dann kann die Beschäftigung mit diesem Thema eine dynamische Note bekommen.

Das Individuum, das sich kurz vor seinem Tod befindet, ist mit seinem eigenen körperlichen Ende konfrontiert. Gerade weil dieser Prozess mit starken Gefühlen und Gedanken des Sterbenden verbunden ist, bemüht sich die Hospizbewegung so sehr darum, Menschen in der letzten Lebensphase zu begleiten und sie auf das Sterben vorzubereiten. Sterbebegleitung ist eine letzte Lebensbegleitung und gerade in diesem Abschnitt des Lebens, ist es hilfreich, sich gemeinsam auf den Abschied des Sterbenden vorzubereiten. Unabhängig davon, wie Tod und Sterben verstanden werden, ob als Ende des körperlichen Lebens oder als Neubeginn des körperlosen Lebens – beide Sichtweisen haben ein zentrales Element gemeinsam, nämlich den Abschied und die Tatsache, dass der Sterbende diese Welt und uns verlassen wird.

Vergleichen Sie diesen Weggang mit Abschieden anderer Art, beispielsweise, wenn ein Freund auswandert oder auf Reisen geht. Wenn Ihnen dieser Freund wichtig ist, wird Ihnen daran gelegen sein, sich von ihm gebührend zu verabschieden. Wie auch immer diese Handlung aussieht, ob Sie abends zuvor noch ein gemeinsames Essen einnehmen, ihn zum Flughafen begleiten oder im Vorfeld ein Fest veranstalten, ob Sie ihm einen Brief oder ein Geschenk übergeben, Sie werden Ihrem Freund durch Gesten der Wertschätzung zeigen, wie wichtig er Ihnen ist. Auch wenn Sie der Abschied schmerzt und Sie Ihren Freund vermissen werden, können Sie sicher sein, dass sich für ihn neue und interessante Entwicklungen ergeben werden. Sei es, dass es sich um einen neue Arbeitsplatz handelt, um ein neues Zuhause, eine neue Sprache oder aber neue Menschen, die ihn im Ausland unterstützen, damit er sich zurechtfindet. Wenn Sie den Abschied nicht nur aus Ihrer Sicht und persönlichen Situation beurteilen, wird es Ihnen leichter fallen, sich mit Ihrem Freund über seinen Neubeginn zu freuen. Wenn Sie versuchen, den Tod in ähnlicher Weise zu verstehen, werden Sie mit einem bevorstehenden Abschied wesentlich besser umgehen können.

Für die Persönlichkeit selbst ist der Tod eine Zäsur, denn er zeigt auf, dass der Umfang an Erfahrungen und Erlebnissen sein Soll erreicht hat. In anderen Worten ist der Tod als Qualifikation über die Summe aller Erfahrungen zu verstehen. Durch den Wissenserwerb ist die Persönlichkeit qualifiziert, sich neuen Aufgaben zu widmen – ein Grund, sich mit ihr darüber zu freuen. Im Grunde stirbt jede Persönlichkeit bereits zu Lebzeiten viele kleine Tode, denn jede abgeschlossene Erfahrung bringt immer neue Entwicklungen hervor. Nur auf diese Weise entwickelt sich jedes Individuum weiter. Der Tod ist die allerletzte Erfahrung in der materiellen Welt, mit ihm beendet die Persönlichkeit ihren physischen Aufenthalt.

Wenn Sie das Tier in seinem letzten Lebensabschnitt begleiten, bedeutet dies die Bewusstmachung, dass sich nicht nur das physische Leben dem Ende neigt, sondern auch das gemeinschaftliche Miteinander in einer gemeinsamen Welt. Auch wenn sich Wege trennen, ergeben sich für alle Beteiligten neue Verbindungen, Möglichkeiten und Ausgangslagen. Diese gedankliche Auseinandersetzung unterstützt nicht nur Sie selbst bei der Trauerbewältigung, sondern auch das Tier, weil es seinen Weg in den nicht materiellen Bereich ausgeglichener und optimistischer antreten kann. Den Sterbenden zu begleiten, bedeutet ebenfalls zu lernen, ihn loszulassen. Es macht Sinn, speziell in der letzten Lebensphase des Tieres immer wieder kurz in sich zu gehen und auf das eigene Gefühl und etwaige Eingebungen zu achten. Tiere versuchen auch in dieser Zeit, ihrem menschlichen Partner Informationen zukommen zu lassen. Um diese Grundinformationen zu erhalten, muss man kein Medium sein – es reicht, wenn Sie aufmerksam ihr Tier beobachten und vor allem Ihre eigenen Gefühle zur Befindlichkeit des Tieres zulassen. Ebenfalls empfiehlt sich, im Zwiegespräch mit dem Tier über den Abschied zu "sprechen." Wenn Sie Ihre Gedanken dem Tier mitteilen wollen, verwenden Sie bitte Bilder, denn Tiere können Bilder und Gefühlslagen besser kodieren als die menschliche Sprache. Sie können beispielsweise dem Tier den Austritt des Körpers vermitteln, den Übergang oder etwa die Ankunft.

Befragen Sie Ihr Tier konkret, ob es für den Übergang Hilfe durch den Tierarzt benötigt – eine Fragestellung, die Menschen oft große Probleme bereitet. Einerseits wünscht sich die Mehrheit der Tierfreunde, dass das Tier in Ruhe einschlafen, d.h. sterben kann, andererseits kann das körperliche Leiden für das Tier (aber auch für seinen menschlichen Partner als unmittelbarer Beteiligter) unerträglich werden und zur Überlegung führen, dem Tier durch Euthanasie Erleichterung zu verschaffen. Wenn aller Voraussicht nach ein quälender Tod bevorsteht, ist in jedem Fall an eine Unterstützung seitens des Tierarztes zu denken. Hören Sie in sich hinein und nehmen Sie sich ausreichend Zeit, dann werden Sie auch ein Gefühl zu dieser Frage erhalten! Plötzlich werden Sie genau wissen, was zu tun ist und werden auch den richtigen Zeitpunkt einschätzen können. Dabei wird Ihnen nicht nur Ihr Gefühl behilflich sein, sondern auch die körperliche Symptomatik des Tieres. Im allerletzten Lebensstadium ist vor allem ein leerer, nicht teilnehmender Gesichtsausdruck, der so genannte leere Blick ein Hinweis darauf oder aber auch ein Umstand, der häufig bei Katzen zu beobachten ist, nämlich dass sie das Schnurren völlig einstellen. Viele Tierfreunde berichteten mir, sie hätten ab einem bestimmten Punkt genau gewusst, was zu tun sei. In meinen Augen werden diese Entscheidungen auch maßgeblich durch das Tier mitbestimmt. Menschen werten diese Entscheidung aber meist als ihre eigene und übersehen in den meisten Fällen, dass sie Signale von Tieren empfangen können.

Sterbebegleitung bedeutet in erster Linie die Auseinandersetzung mit dem Thema Tod aber auch, sich bewusst auf den Tod vorzubereiten mit der Frage: Welche Möglichkeiten stehen zur Verfügung, Sterben zu einem schönen, letzten Moment in dieser Welt zu gestalten? Welche Atmosphäre trägt dazu bei, welche Anwesenden, welche Stimmung?

Der Tod ist zwar universal, doch der Weg über das Sterben ist so individuell wie die Persönlichkeit selbst – daher fällt es einigen Tieren leichter zu sterben als anderen. Bei Menschen ist es nicht anders: Auch sie treten auf unterschiedliche Weise ihren Weg an, manche begehen ihn mit voller Zuversicht und Interesse, andere stehen dem Tod skeptisch gegenüber, wieder anderen fällt es schwer, ihr körperliches Leben zurückzulassen oder erkennen im schlimmsten Fall nicht, dass sie gestorben sind. Ist dies der Fall, suchen Verstorbene Kontakte zur materiellen Welt, anstatt sich mit den Möglichkeiten ihrer neuen Existenz auseinander zu setzen.

Der Tod und Todesarten

Sterben mit Hilfe der Euthanasie

Haben Sie sich – vielleicht gemeinsam mit Ihrem Tier – für eine Euthanasie entschieden, dann steht die Überlegung an, wo diese stattfinden sollte. Wenn Ihr Tier in der Vergangenheit meist panisch auf Tierarztbesuche reagierte, ersparen Sie ihm kurz vor seinem Übergang einen weiteren panischen Moment und bitten Sie einen Tierarzt, zu sich nach Hause zu kommen! Dieser allerletzte Moment, den Sie mit Ihrem Tier verbringen, sollte aus meiner Sicht immer im vertrauten Umfeld des Tieres stattfinden. Dies bietet Ihnen den Vorteil, dass Sie selbst besser zur Ruhe kommen können, als müssten Sie mit dem Auto oder öffentlichen Verkehrsmitteln in die Praxis fahren, aber auch danach haben Sie zuhause in Ruhe Zeit, über das Geschehene nachzudenken, ihren Tränen freien Lauf zu lassen oder aber sich zu freuen, wie schön und sanft das Sterben erfolgte.

Bevor das Tier die Narkosespritze erhält, klären Sie es darüber auf, was in der Folge geschehen wird! Teilen Sie ihm emotional und in Bildsequenzen mit, dass es in Kürze von seinen Schmerzen befreit sein wird und dass es bald schon seinen Körper nicht mehr benötigen wird. Für Sie beide ist es angenehmer, wenn das Tier auf Ihrem Schoß oder bei Ihren Beinen liegen kann, anstatt auf einem unpersönlichen Behandlungstisch in der Tierarztpraxis. Überlegen Sie auch, in welcher Situation es Ihnen selbst besser erginge, auf einem

OP-Tisch im Krankenhaus oder zuhause im Wohnzimmer? Wenn Ihr Tier über einen längeren Zeitraum hinweg schwer erkrankt war, werden Sie im Zuge der Euthanasie spüren, wie allmählich eine schwere Last vom Körper Ihres Tieres und Ihnen selbst fällt. Zu diesem Zeitpunkt liegt bereits eine anstrengende und sehr belastende Zeit hinter Ihnen: Die Sorge um das Tier, verbunden mit einzelnen Hoffnungsschimmern, der psychische Druck, die richtigen Entscheidungen treffen zu wollen, unruhige Nächte und Ungewissheit, quälende Fragen. Die gemeinsame Vorbereitung auf das Sterben des Tieres und der eintretende Tod in Ihrem Beisein, kann den allerletzten gemeinsamen Moment zu einem sehr innigen und gemeinschaftlichen Moment machen.

Plötzlicher Tod ohne Krankheitsursache

Plötzliche Tode wie Unfälle sind immer überraschende Tode. Dementsprechend unverständlich und vermeidbar kann Ihnen der Verlust des Tieres erscheinen. Doch auch plötzliche Tode verweisen auf eine eigene Symbolik. Gemäß Napa wollen Persönlichkeiten, die einen plötzlichen Tod sterben, keinen lang zelebrierten Abschied, sondern bevorzugen es, diesen Schritt alleine und vor allem schnell zu machen. Diese Todesart zeigt auch, dass die Persönlichkeit außerordentliche Selbstständigkeit und Vertrauen beweist.

Tod durch Entschlafen

Wenn Ihr Tier friedlich entschläft, hat es eigenständig seinen Zeitpunkt zum Sterben gefunden. Sie können sicher sein, dass das Tier genau so handelte, wie es seinen persönlichen Vorstellungen entsprach. Wenn Sie Ihr Tier tot auffinden, denken Sie daran, dass es seine Wahl getroffen hat und es Zeit war, zu gehen. Manchmal werden solche Tode auch dann gestorben, weil die Tierpersönlichkeit ein emotionales Festklammern seitens des Besitzers ausschließen wollte.

Unabhängig davon, auf welche Weise der Tod eintritt, erlebt jedes Tier seinen individuellen Sterbeprozess. Dies ist jener Moment, wenn sich die Persönlichkeit vom Körper löst und im Begriff ist, den Übergang – die Transition – zu vollziehen. Im nachfolgenden Kapitel werden Sie erfahren, welche Erlebnisse sich bei diesem Prozess ereignen.

Der Sterbeprozess bei Tieren

Im Zuge des Sterbeprozesses löst sich die Tierpersönlichkeit von ihrem Körper. Zu diesem Zeitpunkt erkennt das Tier nicht nur den Systemwechsel, sondern auch, dass eine Existenz keinen materiellen Körper erfordert. Diese Tatsache scheint Tierpersönlichkeiten leichter verständlich zu sein, da sie bereits zu Lebzeiten die unterschiedlichsten Realitäten und nicht-materiellen Existenzen aufsuchen. Tiere steuern immer wieder parallele Wirklichkeiten an und kehren immer wieder zu ihrem Körper zurück. Im Gegensatz zum Tier kennt der Mensch eine anders gestaltete Realität meist nur im Traum und selbst dieser wird vom durchschnittlichen Menschen nicht als eigenständige Realität anerkannt. Hat sich das Tier im Zuge der Transition von seinem Körper gelöst, erhält dieser eine untergeordnete Bedeutung. Napa erklärt warum:

"Im Zuge des Sterbeprozesses fühlt sich die Persönlichkeit von sich selbst angezogen, von einer höheren zu diesem Punkt noch nicht verständlichen und nachvollziehbaren Facette ihres Seins. Der Bezug zu diesem Kern nimmt nach dem Tod stetig zu."

Mit dem Tod tritt das Tier nicht nur in die Körperlosigkeit über, es erlebt auch eine veränderte Wahrnehmung, die beispielsweise ein Gefühl der Freiheit hervorrufen kann. Ängstliche Wesen können durch den Tod nicht nur irritiert sein, sondern auch eine Befreiung erfahren, da sie erkennen, dass es zu keinem Verlust des Körpers mehr kommen kann. Diese Erkenntnis erlaubt solchen Tieren ein Mehr an Sicherheitsempfinden und Eigeninitiative. Wenn das eindringliche Gefühl vorherrscht, den Körper nicht mehr zu benötigen, weiß das Tier, dass es gestorben ist. Zu diesem Zeitpunkt hat das Tier zwar erkannt, dass es gestorben ist, seine Wahrnehmung hat sich aber noch nicht vollständig von der materiellen Ebene gelöst. Was dann geschieht, beschreibt Napa:

"Der innere Drang des Persönlichkeitskernes macht der noch materiell verhafteten Persönlichkeit bewusst, dass es auch in seiner inneren Welt den Systemwechsel vollziehen sollte. Der Vollzug äußert sich im Erkennen."

Da jede Persönlichkeit immer in Verbindung zu ihrem Persönlichkeitskern steht – verstärkt im Zuge des Sterbeprozesses – weiß jedes Individuum im Grunde, was nach dem körperlichen Tod zu tun ist. Ein Aspekt steht nach dem Tod besonders im Vordergrund: Es ist die schier unersättliche Gier nach Erkundung und Entdeckung. Zu diesem Zeitpunkt beginnt die Tierpersönlichkeit ihre Lebensräume zu differenzieren, wie folgende Erklärung zeigt:

"Mit der Bewusstwerdung über die Abgabe des materiellen Körpers, beginnt das Individuum unverzüglich mit der Erkundung seiner Möglichkeiten. Bereits zum Zeitpunkt des Sterbeprozesses ist sich das Tier bewusst, dass das materielle Umfeld, in dem es sich bislang aufhielt, sein Lebensraum war. Es weiß, dass es sich nun in einem anderen Lebensraum befindet, es ist sein persönlicher, nicht kollektiver Raum, in dem es seine eigene Realität zu leben vermag."

Ab diesem Moment treten andere Wahrnehmungsformen zu Tage und die Anpassung an die nicht-materielle Welt beginnt. Ab nun ist die Wahrnehmung des Tieres nicht mehr auf seine Sinnesorgane fokussiert, sondern es schafft seine Realität mittels Gedanken und Gefühlsqualitäten. Aber nicht nur auf seine Sinnesorgane verzichtet das Tier ab sofort, auch auf alle materiellen Gesetze, denn mit dem Tod verlässt die Persönlichkeit die verdichtete, molekulare Ebene und überschreitet die Schwelle zum unverdichteten Sein, das keine kollektive Wahrnehmung, sondern eine subjektive Realität hervorbringt. Es stellt sich daher die Frage, wie verstorbene Tiere uns Menschen wahrnehmen, Napa führt aus:

"Das verstorbene Tier muss sich noch nicht vom Körper gelöst haben, um zu erkennen, dass es sich in einer Veränderung befindet. Die Loslösung vom Körper folgt dem inneren Drang der Persönlichkeit gemäß eines Triebes oder Instinkts. Tierpersönlichkeiten aber auch die Persönlichkeit eines Menschen reagieren unterschiedlich auf die Loslösung des Körpers. Manche bevorzugen, sich unverzüglich der inneren Welt hinzugeben, andere sind interessiert zu erkunden, welche Möglichkeiten ihnen das neue System zu Verfügung stellt. Der Blick auf Menschen oder Persönlichkeiten im materiellen System aus der Sicht des Körperlosen ist ein von außen gerichteter Blick auf das System. Der persönliche Bezug zum materielle Dasein erlischt mit dem Zeitpunkt des Todes, daher werden auch Teilnehmende dieses Bezuges nicht im unmittelbar persönlichen Bezug gesehen, wohl aber weiß jeder, der einen physischen Tod gestorben ist, dass er an diesem Bezug teil hatte. Die Aufmerksamkeit richtet sich ab sofort auf sich selbst und die veränderten Seinsform. Dies bedeutet freilich nicht, dass der ehemalige Bezug mitsamt seinen Individuen an Bedeutung verliert. "

Jedes Individuum reagiert auf seine innere und äußere Welt. Im Leben eines nicht domestizierten Tieres, in dem der Mensch keine Bedeutung bzw. Entsprechung hat, ist der Bezug zum Menschen auch während des Sterbens nicht vorhanden. Napa erklärt weiters:

"Eine sterbende Ameise oder eine sterbende Spinne erkennt eine Wechselwirkung zum materiellen System und ist in der Lage zwischen Systemen zu unterschieden, denn auch jedes Insekt oder Spinnentier kennt durch Rückzugsmomente innere Welten. Ein nichtdomestiziertes Tier, das regen Kontakt zu Artgenossen pflegte, erkennt durch seinen Tod, dass es fortan kein Artgenosse mehr ist."

Jede Kuh, jedes Rind oder Schwein kennt innere Welten und erlebt sich in einer gesonderten Rolle, wenn es stirbt und gliedert sich wie andere Individuen in die nicht-materielle Realität ein. Jenen Tieren, die geschlachtet werden, kommt dabei eine besondere Bedeutung zu:

"Trotzdem kann es sein, dass sich Irritationen beim Tier ergeben, da es im Vollbesitz seiner körperlichen Kräfte war und im Zuge des Sterbens überrascht über seinen Tod sein kann."

Berechtigt ist ebenfalls die Frage, ob das verstorbene Tier seinen Körper vermisst, da es diesen unter Umständen viel Jahre bewohnte. Es ist aber auch denkbar, dass sich ein Tier glücklich schätzt, seinen Körper abgeben zu können, wenn dieser, von langer und schwerer Krankheit geschwächt, große Probleme bereitete. Die Frage, ob das Tier in irgendeiner Weise über einen Körper nicht-materieller Art verfügt, beantwortet Napa wie folgt:

"Die Realität des Tieres formt fortan seinen Körper. Die Persönlichkeit projiziert ihr Körperbewusstsein in den nicht-materiellen Bereich. Dies bedeutet aber nicht, dass der projizierte Körper funktionstüchtig im Sine eines biologischen Organismus ist. Auf diese Weise wird der projizierte Körper auch variabel in seinem Aussehen. Das Individuum, das einen Systemwechsel bewerkstelligt hat, gelangt zu der Erkenntnis, dass die Existenz unabhängig eines Körpers gelebt werden kann. Wenn ein Individuum sehr stark an seinen Körper gebunden ist, kann es vorkommen, dass es zunächst alle organischen Schwächen auf die nicht-materielle Ebene projiziert. Mit der Einsicht, dass der Körper keine biologische Funktion mehr aufweist, ist die Persönlichkeit auch bereit zu erkennen, dass keine organischen Schwächen mehr existieren."

Ist der Sterbeprozess erfolgt und der Wechsel vom materiellen zum nicht-materiellen System vollzogen, kann die Persönlichkeit zunächst mit dem Bewusstsein des Tieres weiterleben. Dann allerdings, bringt sie auch ihre letzten Bezüge zur materiellen Ebene zu einem Ende und transformiert sich zur Gesamtpersönlichkeit, d.h. zu ihrem Wesenskern. Napa beschreibt den Wesenskern (Persönlichkeitskern) wie folgt:

“Der Persönlichkeitskern ist die tiefste und zugleich intensivste Wurzel allen Seins. Sie ist amenschlich und atiereisch, sie ist eine nicht-materiell verdichtete Energieform, die im Zuge von Erfahrungswelten geformt und ständig in Entwicklung ist.“

Die Persönlichkeit stellt nun die Summe all ihrer Persönlichkeitsanteile dar. Als Gesamtpersönlichkeit ist sie sich aller, jemals erlebten Inkarnationszyklen bewusst. Jeder dieser Zyklen kann von der Persönlichkeit einzeln fokussiert werden. So erkennt die ehemalige Tierpersönlichkeit, dass sie schon mehrere verkörperte Leben und Rollen erlebte. Aus der Summe der Erfahrungen kann die Persönlichkeit neue Themen in Form einer neuen Inkarnation bearbeiten oder diese durch Erfahrungswelten der nicht-materiellen Ebene ergänzen.

Wie andernorts bereits beschrieben, wertet die Gesamtpersönlichkeit nicht einzelne Erfahrungen als gut oder schlecht, sondern macht primär von deren Qualität Gebrauch. Daher gibt es keine wertvollen und wertlosen Erfahrungen – alle Erfahrungen werden in irgendeiner Weise als relevant betrachtet. So ist eine Tierinkarnation gleich sinnvoll wie eine Inkarnation als Mensch – beide Verkörperungen bringen spezifische Erfahrungswelten mit sich, die der Gesamtpersönlichkeit wichtig erscheinen. Dazu sagt Napa:

“Ihr irrt, wenn ihr denkt, Tiere verfügen über Persönlichkeitskerne, die noch wenig geformt sind.“

Diese Aussage lässt vermuten, dass der Persönlichkeitskern eines Tieres bereits über verschiedene Erfahrungswelten verfügt. Das vormals verkörperte Tier kann deshalb eine Persönlichkeit mit reichem Erfahrungsschatz sein.

"Das Wesen eurer Persönlichkeit ist ein wissbegieriges Wesen und stellt an sich selbst hohe Anforderungen. Die Erlebnisvielfalt, die der physischen Welt eigen ist, will die Persönlichkeit in unterschiedlichen Facetten erkunden. Die Tierwelt ist in ihren Gestaltungsmöglichkeiten umfassend und vielfältig, daher sind artspezifische, biologische Charakteristika ein Grund, sich tierisch zu verkörpern. Persönlichkeiten weisen aber auch Präferenzen für die Art der Verkörperung auf; doch ihr werdet erkennen, dass die ausschließliche menschliche Verkörperung euer Wesen als Gesamtpersönlichkeit nicht ausreichend befriedigt, denn ihr wollt euch auch als Baum oder als Ratte verkörpern [...] ihr seid nicht nur an menschspezifischen Ausprägungen interessiert, es wird euch auch interessieren, wie es sich in tierischer Verkörperung mit 50 km/h läuft oder wie sich euer Erleben gestaltet, wenn ihr ein Körpergewicht von einer halben Tonne aufweist. Die Tierinkarnation ist eine Facette eurer vielschichtigen Persönlichkeit."

Wie Tiere den Tod akzeptieren

Manche Tiere begeben sich optimistisch und zuversichtlich auf die Reise, andere wiederum ängstlich und besorgt. Wenn Sie sich mit der Persönlichkeit Ihres Tieres auseinander setzen, können Sie schon im Vorfeld erahnen, wie leicht oder schwer Ihrem Tier das Sterben fallen wird. Wenn Sie den Eindruck haben, dass das Tier vor Selbstbewusstsein und Neugier strotzt, dann wird es für gewöhnlich auch seine Reise souverän meistern. Wenn Sie allerdings ein sehr ängstliches Tier an Ihrer Seite haben, ist die Sterbebegleitung eine wertvolle Hilfe und Möglichkeit, Ihrem Tier einerseits die Todesangst zu nehmen und ihm andererseits das Vertrauen zu geben, dass Sie es bis zu einem bestimmten Moment begleiten werden.

Tiere wie Menschen können Probleme mit ihrem eigenen Tod haben. Zu dieser Thematik vertrete ich eine andere Auffassung als die übliche, die man in diversen Internetforen findet. Dort heißt es immer wieder, Tiere sterben grundlegend problemlos und einfach. Für einen Teil der Tiere mag dies zutreffen, für einen anderen Teil jedoch nicht. Die Annahme, dass Schwierigkeiten im Zusammenhang mit Sterben und Tod eine Tierpersönlichkeit nicht betreffen, ist ein verlegener Versuch, die Todesangst bei Tieren zu ignorieren oder zu verharmlosen – vielleicht auch deshalb, weil Befangenheit und Unwissenheit darüber herrscht, wie der Mensch ein Tier beim Sterben unterstützen kann. Im Gegensatz zum (katholisch geprägten) Menschen spielt beim Tier nicht sein Glaubenssystem eine Rolle (zB Angst vor dem Fegefeuer und der Hölle, Angst vor Verdammnis, Angst vor dem Jüngsten Gericht), sondern vielmehr seine emotionale Bindung zum menschlichen Partner, zu Artgenossen oder zu seinem materiellen Umfeld. Wenn Ihr Tier zu Lebzeiten eine emotionale Abhängigkeit zu Ihnen aufweist, ist es besonders wichtig, dass Sie das Tier so gut wie möglich auf das Sterben vorbereiten. Meist jedoch zeigen sich emotionale Abhängigkeiten von beiden Seiten, d.h. von Mensch zu Tier und umgekehrt.

Ich erinnere mich in diesem Zusammenhang an Hund Billy, der überraschend (ohne Krankheitsursache) eingeschläfert wurde und dem es unmöglich war, die physische Ebene zu verlassen. Körperlos verweilte er an jenen Orten, an denen er sich zu Lebzeiten aufhielt. So befand sich Billy nach seinem Tod im Wohnzimmer vor einer großen Glasschiebetür und begleitete täglich die Kinder der Familie zur Schlafenszeit in die Kinderzimmer, wie er es zu Lebzeiten getan hatte. Man bat mich aufgrund des Gefühls, Billy könnte seinen Bestimmungsort nicht erreicht haben, um Hilfe.

Was war passiert? Als ich Billys Bezugsperson fragte, wie Billy gestorben sei, antwortete diese, sie habe das Tier einschläfern lassen müssen und sie mache sich große Vorwürfe. Erst als ich ihre Vorwürfe genauer hinterfragte, stellte sich heraus, dass der körperlich gesunde Hund einen völlig unnatürlichen Tod gestorben war. Ein krankes Tier weiß sehr genau, wenn der körperliche Verfall irreversibel ist und es weiß ebenfalls, dass es in absehbarer Zeit sterben wird. Ein Tier, das verunfallt, stirbt zwar auch plötzlich, doch es hat den Unfall sowie die tödlichen Konsequenzen miterlebt. Ein

Tier, das eingeschläfert wird ohne einen körperlichen Verfall zu erleben, hat in der Regel größere Schwierigkeiten seinen eigenen körperlichen Tod zu erkennen und zu akzeptieren.

Die Einschläferung, die der Tierarzt vornimmt, erfolgt zunächst durch eine Narkose, der dann die eigentliche Euthanasie folgt. Dies bedeutet: Das gesunde Tier schläft sich in die Narkose, erwacht aber nicht mehr, sondern stirbt zu seiner Überraschung, wie es bei Billy der Fall war. Bei Billy fehlten sowohl Schmerzempfinden als auch die Verfallserscheinung des Körpers. Für den Hund war nicht plausibel, warum er starb. Schwer kranke Tiere hingegen, die sich bereits einer Veränderung ihres Körpers bewusst sind und (mit)erleben, dass ihr Körper nicht mehr funktioniert, haben bereits erkannt, dass ihr Leben in Gefahr ist. Wenn solche Tiere zunächst narkotisiert und dann euthanasiert werden, haben sie in der Regel keine Schwierigkeiten zu erkennen, dass sie gestorben sind. Speziell bei Tieren, die aufgrund von "Gefährlichkeit" (zB so genannte Kampfhunde) eingeschläfert werden, ist eine Vorbereitung und eine Sterbebgeleitung vor der Einschläferung unverzichtbar.

Auch Pferd Yarok hatte Probleme mit seinem Tod. Zwei Monate nachdem das Tier verstorben war, bat mich der Pferdefreund verzweifelt um Hilfe. Er sagte, er spüre die Anwesenheit des Tieres. Es handle sich dabei aber nicht nur um ein Gefühl, sondern er spüre, wie das Pferd ihn mit seinem Kopf am Oberarm berühre. Er mache sich Sorgen, denn er habe den Eindruck, dass Yarok zu oft auf sich aufmerksam mache. Als ich nach dem Tier sah, war sofort deutlich, dass sich Yarok in Erdnähe befand und körperlos die materielle Ebene und vor allem seinen menschlichen Freund zu erreichen versuchte. Yarok ist aufgrund einer Kolik verstorben. Jede Hilfe kam für ihn zu spät. Das Pferd wurde mir als scheu und schreckhaft beschrieben. Als ich mir das Tier genauer ansah, nahm ich nicht nur ein scheues, sondern völlig verstörtes Tier wahr. Es brauchte außerordentlich viel Überredungskunst, Yarok davon zu überzeugen, sich in die passende Ebene zu begeben. Eine Woche später teilte man mir mit, die ständigen Berührungen am Oberarm hätten aufgehört. Yarok hatte nun glücklicherweise die neue Welt erreicht.

Wie Yarok konnte auch Chinchilla Bianca ihren Tod nicht akzeptieren. Bianca wurde aufgrund einer Herzerkrankung euthanasiert. Der Abschied fiel Biancas Bezugsperson sehr schwer und auch nach einigen Wochen hatte sie sich nicht wesentlich von der Trauer erholt. Sie bat um ein Reading, in der Hoffnung, ein Kontakt zu Bianca könnte ihr den Abschied erleichtern. Auf meine Frage hin, wie die Tierfreundin die letzte Tage oder Stunden mit dem Tier verbracht hätte, antwortete diese, sie sei aus dem Urlaub zurückgekehrt und dann sei alles sehr schnell gegangen – zu schnell! Beiläufig erwähnte die Trauernde, sie glaube, dass sich Bianca über den Kontakt freuen würde, denn sie spüre das Chinchilla-Weibchen ganz deutlich in ihrem Käfig, vor allem in der Nähe des Schlafhäuschens. Dies war ein erstes Warnsignal, das darauf hindeutete, dass sich Bianca nicht von der physischen Welt lösen konnte. Tiere, die "richtig" sterben, befinden sich nicht dauerhaft in der materiellen Welt. Das Reading ergab, dass auch Bianca irritiert war und die physische Ebene kontaktierte. Im Gegensatz zu Yarok brauchte das Chinchilla-Weibchen nur eine kleine Unterstützung, um sich von der materiellen Welt zu lösen. Die Hinterbliebene berichtete nur wenige Tage danach, sie fühle sich wesentlich besser und ihre Trauer reduziere sich zunehmend.

Im Jahr 2005 meldete sich ein Mann, der seinen Golden Retriever namens Chico aufgrund einer Krankheit einschläfern lassen musste. Sein zweiter Hund, eine Golden-Retriever-Hündin, betrauerte den Tod ihres Partners sehr und sei seit damals nicht mehr die Alte. Bei Spaziergängen mit der Hündin, sei Leisha unaufmerksam und ständig durch irgendetwas abgelenkt. Auch zuhause sei sie seit dem Tod ihres Partners nervös und unausgeglichen. Der Tierfreund teilte mir mit, er habe einige Monate nach Chicos Tod verstreichen lassen, denn er sei sich sicher gewesen, die Trauer der hinterbliebenen Hündin würde nach und nach abklingen. Doch Leishas Zustand veränderte sich nicht. Es wurde ein Tierpsychologe zu Rate gezogen in der Hoffnung, dem Tier auf diese Weise helfen zu können. Leider ohne Erfolg. So bat man mich, der Hündin auf irgendeine Art zu helfen.

Auch ich dachte zunächst, Leisha trauere aufgrund des verstorbenen Partners mehr als andere Tiere. Mir war bekannt, dass vor allem Hunde ein außerordentlich starkes Naheverhältnis zum menschlichen Partner, aber auch zu Artgenossen aufbauen können. Ich sah mir Leisha genauer an, doch ich konnte zu Beginn nichts anderes feststellen als eine starke Nervosität. Erst als Napa sagte: "Sie sorgt sich um ihren Partner", kam mir in den Sinn, dass sich Leishas verstorbener Freund Chico irritiert im erdnahen Bereich befinden konnte. Als ich erneut nach Chico sah, bestätigte sich meine Annahme. Der Hund hatte den Bestimmungsort nicht erreicht und versuchte mit allen Mitteln zur materiellen Ebene zurückzukehren. Ich erklärte Chico, dass ihn sein Weg nicht mehr zurück, sondern nur nach vorne führen kann und half ihm, sich vom physischen Bezug zu lösen. Man teilte mir mit, bei Leisha habe noch am gleichen Tag eine Veränderung eingesetzt und die Trauer der Hündin reduzierte sich von Stunde zu Stunde. Dieser Fall zeigt deutlich, wie stark Tiere untereinander verbunden sein können und dass auch ein hinterbliebenes Tier merkt, wenn das verstorbene sein eigentliches Ziel nicht erreicht hat.

Umgekehrt gibt es aber auch Tiere, für die Sterben scheinbar ein Kinderspiel ist. Mit Eintritt des Todes machen sie sich unverzüglich auf die Suche nach neuen Möglichkeiten, erkunden ihre neue Realität und genießen den Zustand der Körperlosigkeit. Von Zeit zu Zeit schauen Sie in ihrem alten Zuhause nach dem Rechten, um sich dann wieder voller Neugier auf die nicht sichtbare Welt zu konzentrieren.

Zeichen von Tieren nach dem Tod. Kontaktmöglichkeiten

Tiere übermitteln nach ihrem Tod oft Zeichen an Hinterbliebene. Meist geschieht dies in Form eines Gefühls an den Hinterbliebenen oder im Empfinden einer Anwesenheit des Trauernden. Tiere, die ihre eigentliche Destination erreicht haben, suchen nur zu "Besuchszwecken" die materielle Welt auf. Wenn die Persönlichkeit des Tieres ständig anwesend ist, ist dies ein möglicher Hinweis darauf, dass sie ihren Bestimmungsort noch nicht erreicht hat.[7]

Napa äußert dazu, dass Tiere vor allem kurz nach ihrem Tod Zeichen zu übermitteln versuchen, die ihrer irdischen Realität angepasst waren. Der Fernseher beispielsweise, wenn er im Leben des Tieres keine Bedeutung hatte, wird kaum zum Gegenstand des Zeichens werden. Vielmehr sind es thematische Übermittlungen, die mit dem Leben des Tieres in unmittelbaren Zusammenhang standen wie zum Beispiel das Halsband, Spielzeug, Kratzbaum oder Futternäpfe – Gegenstände also, die Bestandteil der Tierrealität waren. Menschen berichten, dass sie im Zusammenhang mit Kratzbäumen oder Liegeplätzen helle Schleier wahrnehmen oder aber, dass sie ein nicht erklärbares Wärmeempfinden verspüren, das mit euphorischen Gefühlen einher geht. Verstorbene Tiere – da körperlos – manifestieren sich nicht mehr in der Physis, ihre Präsenz kann aber eine Veränderung der mate-

---

[7] Siehe Kapitel "Wie Tiere den Tod akzeptieren"

riellen Dichte hervorrufen – dies zeigt sich im zuvor genannten Schleier.

Verstorbene Tiere melden sich zu unterschiedlichen Zeitpunkten. Manche Hinterbliebene erhalten in der akuten Trauer Zeichen in Form von starken, überwältigenden Gefühlen, andere wiederum berichten, sie hätten Zeichen erst zu einem späteren Moment erhalten, als das Stadium der akuten Trauer überwunden war. Im Zustand starker Trauer ist der hinterbliebene Mensch in der Regel kein guter Empfänger, weil seine Wahrnehmung unter Umständen stark eingeschränkt ist. Möglicherweise übersieht der Tierfreund aber auch bestimmte Zeichen, weil er sich menschspezifische Meldungen erwartet.

Bei meinem verstorbenen Kater Seppi spielte in der Übermittlung von Zeichen eine Lampe eine Rolle, die in das Alltagsgeschehen eingegliedert war. Als mein damaliger Partner und ich an mehreren Abenden auf dieses Zeichen aufmerksam wurden, befanden wir uns jedes Mal im Schlafzimmer, um ins Bett zu gehen. Zu dieser Uhrzeit kam auch Seppi, als er noch lebte, ins Zimmer, um sich einen Schlafplatz zu suchen. Kurze Zeit nach Seppis Tod brauchten wir nur wenige Minuten im Raum zu sein und die Lampe begann für ca. 1,5 Minuten zu blinken. Natürlich suchten wir nach physikalischen Gründen, die dieses Blinken verursachen hätte können. Wir fanden aber keine Erklärung dafür und kamen zu dem Punkt, dass es sich nur um ein Zeichen des verstorbenen Katers handeln konnte. Auch Katze Miezi meldete sich mehrfach; in Zusammenhang mit ihrer Anwesenheit konnte ich ein Kitzeln an der Nase und bei den Augen bemerken. Zu

Lebzeiten versuchte Miezi täglich, vor allem in den letzten Jahren, mein Gesicht zu reinigen. Da ihre Schnurrhaare im Gesicht derart kitzelten, bat ich sie immer wieder, ihre Körperhygiene an mir in Grenzen zu halten. Interessanterweise zählten diese Berührungen in meinem Gesicht zu den ersten Zeichen, die sie übermittelte. Im Zusammenhang mit Miezis Tod gab es aber auch Zeichen anderer Natur.

Drei Tage nach ihrem Tod verließ ich gegen Abend die Wohnung. Als ich den ersten Schritt ins Freie setzte, erstarrte ich, denn ich glaubte Miezi vor mir zu sehen und zwar in körperlicher Gestalt. Wenige Meter von mir entfernt saß neben Jesco eine Katze, die Miezi fast detailgetreu glich. Die friedlich vertraute Stimmung zwischen den beiden irritierte mich zusätzlich und für einen kurzen Moment glaubte ich zu halluzinieren. All die Jahre war es kein einziges Mal vorgekommen, dass eine fremde Katze auf das Grundstück gelangte, bedingt durch den hohen, fast unüberwindbaren Zaun. Ich rief meinen damaligen Partner herbei und bat ihn um eine Einschätzung der Lage. Auch er erschrak sich und auch er dachte für einen Moment, diese Katze, die direkt vor unseren Augen saß, sei Miezi. Nachdem ich mich etwas gefasst hatte, war mir relativ schnell klar, dass diese Katze tatsächlich den Weg über den hohen Zaun gefunden haben musste. Um eine Panikreaktion ihrerseits zu verhindern, weil es keinen Fluchtweg gab, zeigte ich ihr in gedanklicher Kommunikation den Weg hinaus und bat meinen Partner, ihr die Türe aufzuhalten. Sie erhob sich in aller Ruhe, wählte den von mir beschriebenen Weg, drehte sich noch einmal um und verschwand.

Genau drei Tage nach Miezis zweitem Todestag ereignete sich etwas ähnliches. Diesmal kam ich nach Hause und erschrak mich, weil ich vor der Eingangstüre eine Katze sitzen sah, die wiederum Miezi in verblüffender Weise ähnlich sah. Wieder war es Jesco, der diesmal hinter der Zauntüre seine Zuneigung für diese Katze deutlich zum Ausdruck brachte. In all den fünfzehn Jahren, seit ich in diesem Haus wohne, überraschte mich niemals eine fremde Katze vor der Eingangstüre. Naturgemäß sind beide Ereignisse für mich keine Zufälligkeit – darin bestärkte mich vor allem auch das Datum, an welchem die zwei Katzen, die mich an Miezi erinnerten, aufgetaucht waren.

Zeichen von Tieren sind immer als kurze Meldungen zu verstehen, dass es ihnen gut geht. Aber nicht nur Zeichen, die wir in der materiellen Welt wahrnehmen, sind Kommunikationsformen, derer sich verstorbene Tiere bedienen, auch in Träumen können wir Tiere wiedersehen und uns mit ihnen austauschen.

Die Traumebene ist die perfekte Verbindungsmöglichkeit zwischen uns in der materiellen Ebene, und jenen, die dieser Ebene nicht mehr angehören. Im Traum verlassen wir vorübergehend unseren Körper und steuern Bereiche an, die wir mit unserem alltäglichen Bewusstsein nicht erreichen können. Auch wenn beim Erwachen keine Erinnerung mehr vorherrscht, kann der Mensch auf Traumebene mit verstorbenen Persönlichkeiten in Kontakt gekommen sein. Die Unfähigkeit, sich an alle Träume zu erinnern, rührt gemäß Napa daher, dass wir im Traum über unsere physischen Grenzen hinauswachsen. Da das menschliche Gehirn als Informationsspeicher dient, zensiert es bestimmte Informationen, um persönliche Konflikte zu vermeiden.

Wenn Menschen niemals mit anderen Realitäten außer der materiellen in Berührung kamen bzw. eine Realität außerhalb des Physischen nicht anerkennen, wird deren Gehirn wesentliche strengere Zensuren hervorrufen. Menschen hingegen, die sich neugierig und offen für andere Bewusstseinsformen zeigen, werden im Lauf der Zeit ein besseres Erinnerungsvermögen an ihre Träume und Kontakte entwickeln. Jedes Gehirn ist lernfähig, es muss jedoch vom Menschen dahingehend programmiert werden, auch Informationen nicht-physischer Herkunft verarbeiten zu dürfen. Ist dies der Fall, können sich Kontakte auch in luziden Träumen ergeben, in denen sich ein Wiedersehen nicht nur als einzelne Bildsequenz oder statisches Gebilde realisiert, sondern als Erlebnisfolgen und Handlungen, die beeinflusst werden können. Jeder, der luzid träumt, wird bestätigen können, dass sich das Geträumte und infolgedessen Erlebte völlig real präsentiert. Gefühle, die im Zusammenhang mit luziden Träumen erlebt werden, wirken wesentlich stärker in das Wachbewusstsein des Menschen hinein.

Die Trauer um das Tier

Wer einmal den Tod eines Haustieres miterlebt hat, weiß wie wichtig die körperliche Präsenz des Tieres war. Sein Fell zu streicheln, den Glanz seiner Augen und die Bewegungen seines Körpers zu sehen, körperliche Nähe zu spüren oder auch sein Schnurren, Bellen oder Wiehern zu hören. Aber nicht nur den Körper der Katze, des Hundes oder Meerschweinchens vermissen wir, sondern auch bestimmte Rituale, die wir im Miteinander praktiziert haben bzw. Zusammenhänge, die wir mit dem Tier assoziieren wie Futterzeiten, Plätze, an denen sich die Tiere aufhielten, Routen bei Spaziergängen oder aber ganz bestimmte Vorlieben, die das Tier hatte.

Wenn wir mit Tieren unter einem Dach leben, sie betreuen und uns mit ihnen beschäftigen, stehen viele alltägliche Handlungen, die ausgeführt werden, in Verbindung mit ihnen. Bereits dem morgendlichen Erwachen kann der Blick in die Augen des Tieres folgen, wenn es auf oder neben dem Bett schläft. Bei vielen Tierfreunden folgt ihre eigene erste Mahlzeit des Tages – das Frühstück – erst dann, wenn der Hund, die Katze, die Vögel oder die Nager versorgt wurden. All diese über Jahre praktizierten Gewohnheiten können von einem auf den anderen Tag hinfällig werden. Trauer bezieht sich daher nicht nur auf die fehlende körperliche Präsenz des Tieres nach seinem Tod, sondern auch auf eine Vielzahl von Handlungen, die im Alltag mit dem Tier in Verbindung standen.

Der Todesfall bedeutet einen gravierenden Konflikt im Leben des Menschen, wenn es zum verstorbenen Tier ein Naheverhältnis gab. Umso wichtiger ist es, das Trauma des Todes ernst zu nehmen und damit in Verbindung stehende negative Gefühle zu transformieren. Der Verlust des Tieres ist ein persönlicher, sehr schmerzhafter Prozess, der nur dann gelindert werden kann, wenn man über seine eigenen Bedürfnisse hinauszuwachsen vermag.

In der akuten Trauer, die für Körper und Psyche überaus belastend sein kann, melden sich das Innere und der Körper des Menschen sofort durch bestimmte Bedürfnisse zu Wort. Manche Trauernde benötigen unmittelbar nach dem Todesfall wesentlich mehr Schlaf, andere neigen dazu, kurzfristig in die Isolation zu gehen, wieder andere erkranken für einige Tage. Es sind Reaktionen des Organismus und der Psyche, die aufzeigen, dass sich der Mensch in einem Konflikt befindet und dass Ausgleichsfunktionen wirksam werden, um diese Situation zu bewältigen. Nicht nur der Tod an sich ist belastend, sondern auch die Zeit davor; dann nämlich, wenn das Tier außerordentlich viel Pflege benötigte und der menschliche Partner selbst an die Grenzen seiner Belastbarkeit stieß. Ein großer psychischer Druck lastete auf der Bezugsperson, wenn sie als pflegende und umsorgende Person alle Verantwortung auf sich nahm. Durch den Tod des Tieres ist der Mensch selbst emotional einen Tod gestorben. Aus diesem Grund ist es wichtig, sich in einen heilenden Trauerzustand zu begeben, damit sich Psyche und Körper regenerieren können. Daher suchen Trauernde in ethnischen Kulturen manchmal in die Isolation, um sich zu regenerieren und Kraft zu schöpfen.

In der akuten Trauer halte ich es nicht für besonders sinnvoll, sich sofort nach einem anderen Tier umzusehen. Zum einen besteht die Gefahr, die eigene Heilung zu vernachlässigen, zum anderen kann es geschehen, dass das neue Tier keine gute Ausgangslage im neuen Zuhause vorfindet, weil der noch Trauernde oftmals dazu tendiert, Verhaltensweisen des verstorbenen Tieres mit jenen des Neuzugangs zu vergleichen. Tiere sind Meister im Erfassen von Gefühlswelten der Menschen und erkennen sofort, wenn der Mensch eine Abwehrhaltung ihnen gegenüber einnimmt oder ihnen nur halbherzig begegnet. Dem Tierfreund selbst muss diese Abwehr gar nicht bewusst sein. Rituale, die mit dem verstorbenen Tier assoziiert werden, sollten daher nie unreflektiert durch Rituale in Bezug auf einen neuen Mitbewohner ersetzt werden.

Wie stark persönliche Konflikte durch einen Todesfall sein können, zeigt sich auch darin, dass in der Trauerphase Beziehungskrisen, Trennungen von Partnern stattfinden oder unterschiedlichste Krankheiten auftauchen können. Eine Auseinandersetzung mit dem Thema Tod ist auch deshalb wichtig, weil die Lebenserwartung eines Haustieres weit unter der Lebenserwartung des Menschen liegt und Tierfreunde im Lauf ihres Lebens immer wieder mit dem Tod konfrontiert werden. Wenn mehrere Todesfälle eintreten (zB bei erhöhter Anzahl der Tiere) ist es unverzichtbar, seinen Umgang mit dem Tod zu überdenken, um von einer rein subjektiven Sicht des Verlustes zu einer ganzheitlicheren Sicht zu gelangen, die nicht nur die persönliche Lage als Hinterbliebener berücksichtigt, sondern die universalen Zusammenhänge, die mit Leben und Tod verbunden sind.

Im Zustand der Trauer können Rituale von großem Wert sein. Sie unterstreichen zum einen die persönliche Verbindung zum Tier, unterstützen zum anderen den Hinterbliebenen dabei, die kommende, neue Entwicklung besser annehmen zu können. Rituale haben den Vorteil, dass sie zur Ordnung und Klärung der Gefühlswelt beitragen und Emotionen wie Gedanken verstärken. Vielmehr als Abschiedsrituale sollen Rituale angewendet werden, die die gedankliche und gefühlte Verbindung mit dem Tier fördern. Eine Form des Abschiedsrituales kann aber durchaus hilfreich sein, es ist die symbolische Verabschiedung von der physischen Welt und die symbolische Ankunft in der neuen Welt. Sie können einen Feuerwerkskörper als Symbol für die Ankunft entzünden, einen Luftballon steigen lassen oder einen Brief verfassen, in dem Sie Ihrem Tier für seine Anwesenheit danken oder vielleicht Ungesagtes zum Ausdruck bringen. Wenn Sie die Grabstätte des Tieres (zB am Tierfriedhof) nicht nur als Symbol des Todes begreifen, sondern als Symbol des Neuanfanges, wird Ihr Besuch nicht nur mit Tränen verbunden sein, sondern auch mit Momenten der Freude einhergehen. Stellen Sie sich in diesem Zusammenhang auch vor, welche Vorteile der Verstorbene nun genießt! Das diesseitige Leben zeigte sich nicht immer von seiner besten Seite; es waren auch Facetten damit verbunden, die herausfordernd oder sogar schmerzhaft waren.

Aber auch ein weiterer Aspekt spielt im Zusammenhang mit Trauer eine bedeutende Rolle. Jedes Lebewesen hat eine persönliche Lebensberechtigung oder wie Napa sagt, wir können keine "Besitzansprüche an andere Organismen" stellen. Das Leben des Tieres an der Seite des Menschen ist auch von der Entscheidung der Tierpersönlichkeit geprägt, daher sollte jeder Tierfreund dankbar dafür sein, dass das Tier seine Lebenszeit – egal ob kurz oder lange – bei ihm verbrachte. Dies bedeutet nicht zwangsläufig, dass Tiere lange bei uns bleiben, weil es ihnen so gut bei uns gefällt. Das Leben der Tiere steht – zwar mit unserem verbunden – doch aber mit ganz persönlichen Erfahrungen in Verbindung. Ein langes Leben kann deshalb auch mit einer Vielfalt an Herausforderungen und "Aufgaben" verbunden sein.

Umgekehrt bedeutet ein kurzer Besuch nicht, dass das Tier bei uns nicht glücklich war. Seine Erfahrungen vervollständigte das Tier in einem kurzen Zeitraum und trat durch den Tod wieder die Rückkehr an. Die Tatsache, dass eine Persönlichkeit ihre Aufgaben und Erlebnisse abschließen konnte, ist Grund, sich mit ihr zu freuen. Zeit, wie wir sie interpretieren, hat für die Persönlichkeit eine untergeordnete Bedeutung, es geht ihr vielmehr um die Intensität und Qualität der gemachten Erfahrungen.

Das Gefühl der Trauer macht sich auch körperlich bemerkbar. Wie ein schweres Gewicht liegt der Schmerz in der Brust und zeitweilig scheint es unmöglich, sich davon zu befreien. Wenn der Trauernde so stark leidet, dass es körperlich schmerzt, empfiehlt es sich, um Hilfe aus der nichtalltäglichen Welt zu bitten. Wer sich aufmerksam nach einem solchen Hilferuf beobachtet, wird die Unterstützung in Form eines besseren Wohlbefindens wahrnehmen. Napa erklärt, Verstorbene seien in der Lage, Spuren ihrer Persönlichkeit auf den Trauernden zu projizieren, ohne allerdings selbst in der materiellen Welt zu sein. Der Verstorbene reagiert somit auf das Senderverhalten des Hinterbliebenen. Bei diesem reduziert sich das Gefühl des Vermissens, weil es zu einer emotionalen Erinnerung kommt. Es ist ein unsichtbarer Halt seitens des verstorbenen Wesens für den hinterbliebenen Menschen.

Die Trauer um das körperliche Gegenüber ist die unvermeidbare Konsequenz, die wir erleben, wenn das geliebte Tier verstirbt. Dieser Umstand führt uns gleichzeitig in eine neue Lebenssituation, in der wir uns vom dauerhaften gemeinsamen Miteinander verabschieden müssen. Der körperliche Tod beendet zwar das körperliche Miteinander, nicht aber die Verbundenheit zwischen Individuen. Die körperliche Abwesenheit ist beträchtlich besser zu bewältigen, wenn wir uns tief verbunden fühlen und anerkennen, dass es Momente des Miteinanders auch in anderer Weise geben kann. Der menschliche Partner kann diese Momente erfahren, wenn er darum bemüht ist, das geliebte Wesen in der inneren Welt zu suchen und sich mit Offenheit auf diesen Weg zu begeben. Der Tod, der den gemeinsamen Weg zuvor trennte, hält aber auch die Möglichkeit bereit, eine innere Form der Verbindung zu stärken. Diese erfordert keine Körperlichkeit, sondern die Zuneigung und Liebe, die für das Tier empfunden wird. Augenblicke zu schaffen, die diese Verbindung spürbar machen und zum gegenseitigen Besuch im Innen führen, sind die heilsamten Momente, die erlebt werden können. Das Anwesenheitsgefühl, das dadurch entsteht, unterscheidet sich maßgeblich vom Anwesenheitsgefühl, das Hinterbliebene erleben, wenn das Tier seinen Bestimmungsort nicht erreicht hat. Letzteres ruft immer Sorge, Unruhe und Nervosität hervor während ein bewusster Moment des Miteinanders vom Gefühl der Harmonie, Ruhe und Schönheit geprägt ist.

Trauer heilen.
Wie Wege wieder zusammenführen …

Die Beziehung zum Tier kann ein liebevolles Miteinander über lange Zeiträume mit sich bringen. Dann ist das Tier nicht nur zum Teil unseres Lebens geworden, es ist zum Teil unseres Selbst geworden. Mit seiner Abwesenheit fehlt ein wichtiger Teil in uns, den wir im Verlauf unseres Zusammenseins integrierten bis es zu einer innigen oder sogar symbiotischen Verbindung kam.

In unserem Kulturkreis verfügen wir über eine Vielfalt an biologischem Wissen, aber wir haben nur ein sehr beschränktes Wissen über die nicht sichtbaren Merkmale und Fähigkeiten des Lebewesens. Wir haben nicht gelernt wie telepathische Verbindungen funktionieren, wie sich die Seele zum Körper verhält, wo sich der spirit aufhält oder welche Einflüsse Gefühle auf uns und andere haben. Das Wissen, über das wir verfügen, ist ein Wissen, das sich auf das sichtbare körperliche Individuum bezieht. Weil wir mit dieser Form des Erfahrungserwerbs keine Information darüber haben, wie die Persönlichkeit nach dem körperlichen Tod existiert, endet unsere Beschäftigung mit dem Lebewesen zum Zeitpunkt seines körperlichen Todes. Andere Kulturen mit ganzheitlichen Systemen des Wissenserwerbs haben ein Mehr an Erfahrung dazu. Sie wissen, dass Beziehungen mit dem Tod nicht enden, und dass es ein fortsetzendes Band gibt, das Individuen auch in verschiedenen Welten verbindet.

Es steht uns frei, dieses Band zu nähren, zu pflegen und die Verbindung mit dem geliebten Wesen aufrecht zu halten.

Die Trauer um das Tier ergibt sich aufgrund zweier Aspekte, die der Tod mit sich bringt. Es ist einerseits der Abschied vom körperlichen und greifbaren Gegenüber vor uns und es ist andererseits die Annahme, dass der Tod eine Trennung in jeder Hinsicht bewirkt. Ersteres zu erleben ist an und für sich ein schmerzhafter Prozess, noch schmerzhafter und intensiver allerdings zeigt sich die Trauer, wenn wir den Gedanken der völligen Separation unterstützen. Nichts kann die Trauer besser heilen als die gefühlte Nähe zum geliebten Tier. Die Liebe kann zwar nicht mehr im Außen und körperlich vermittelt werden, doch sie kann im Innen gegeben, gefühlt und geteilt werden. Das Innen und diese innere Welt sind auch das Unsichtbare, worüber wir so wenig Wissen erhalten haben. Ein liebevoller Gedanke der Zuwendung und Liebe erlischt nicht am Weg vom Ich zum Du, er gelangt zum gemeinsamen Band, das Sie und das Tier verbindet. Individuen, die durch ein Band verbunden sind, haben daher immer die Möglichkeit die Verbindung zu erhalten.

Nicht die verstorbenen Lebewesen sind es, die diese Verbindung durchtrennen, es sind wir Menschen, die diesem Band keine oder zu wenig Aufmerksamkeit schenken. Anstatt zu lernen, anders zu lieben und andere Maßnahmen der Verbindung zu schaffen, verfallen wir in tiefe Trauer, die eine Vielzahl von negativen Gefühlen mit sich bringt. Dort verharren wir und separieren uns aufgrund der starken Traurigkeit emotional, sodass kein Signal mehr zu uns durchdringt. Es ist daher wichtig, die negativen Gefühle loszulassen, um unsere Fähigkeiten frei zu legen zu können und mit ihnen das Bedeutungsvollste: Die Liebe. Das Liebesempfinden ist durch den Tod des geliebten Tieres sogar noch stärker geworden, aber durch das Übermaß an Traurigkeit in seiner Entfaltung beschnitten. Liebe, wie jede andere Emotion auch, erreicht den Empfänger, gleich ob sich dieser im verkörperten oder körperlosen Zustand befindet. Mit Gefühlen aufrichtiger Zuwendung können wir die Verbindung zum Tier erhalten, kultivieren und pflegen. Es ist eine veränderte Verbindung, aber eine nicht weniger innige.

Aufgrund des Todes führen die Wege zwar in unterschiedliche, aber nicht in völlig voneinander getrennte Welten. Wenn Sie die Beziehung zum Tier erhalten, neu formen und festigen wollen, dann machen Sie sich bitte auf die Suche nach dem geliebten Wesen. Seien Sie aktiv und führen Sie die Wege, die Sie vormals trennten, wieder zusammen.

In meinem Buch "An deiner Seite" beschreibe ich, wie sehr wir das Tier lieben, auch wenn es nicht unsere Sprache spricht, auch wenn wir mit ihm beträchtlich weniger Aktivitäten teilen als mit unseren menschlichen Wegbegleitern. Wir lieben einfach und werden meist bedingungslos vom Tier zurückgeliebt. Weil wir aber nicht in einer Tierkommunikation geübt sind, zeigen wir unsere Liebe Tieren gegenüber verstärkt körperlich und binden uns daher zu Lebzeiten an das geliebte Tier durch die Vielzahl an Berührungen und Streicheleinheiten.

“Eure Gefühlswelt steht immer in Wechselwirkung mit eurem Umfeld und Persönlichkeiten, die euer Leben tangieren und begleiten. Alles Erlebte und jede Emotion findet sich in euch als Spiegelbild und Spur wieder; diese Spuren ergänzt ihr euer Leben lang, häuft sie in kontinuierlicher Weise an und schafft damit emotionale Intensitäten.

[…]

Immer jedoch trachtet ihr danach, eine körperliche Präsenz eures Gegenübers zu erspüren. Erst die gemeinsame körperlich-emotionale Präsenz zweier Individuen verursacht in euch ausgeprägte Empfindungen. Wechselt euer Gegenüber in den körperlosen Zustand, können seine individuellen Spuren nicht mehr in euch Gestaltung finden. Eine vormals erlebte Symbiose wechselt zu einem Senderverhalten, dem sein Gegenüber fehlt. Der Verlust von emotional-körperlichen Spuren führt euch unter Umständen in Zustände, die völlig anders gelagerte Qualitäten hervorbringen (Depression).

[…]

Die Trauer um das körperliche Gegenüber des Tieres kann mitunter sogar stärker sein als die Trauer um das menschliche Gegenüber. Durch den Austausch vieler Zärtlichkeiten haben Sie aber auch zahlreiche Momente inniger Verbundenheit erfahren, deren Qualität Sie nun nützen können, um sich ihrer zu erinnern und sie bewusst einzusetzen für die kommende Pflege einer inneren Beziehung.

Um diese Verbindung wieder zu finden und zu festigen, kann folgendes Ritual angewendet werden:

Erstellen Sie bitte zunächst eine Liste gemeinsamer Aktivitäten bzw. Momente von Ihnen und dem Tier. Welche gemeinsamen Momente gab es im alltäglichen Leben? War das Tier bei Ihnen und mit Ihnen als Sie arbeiteten, fernsahen, lasen, am Computer arbeiteten, schliefen, duschten, in der Natur waren, aßen, Musik hörten oder auf Urlaub fuhren? Wählen Sie bitte jene Aktivitäten bzw. Momente aus, die Ihrer Meinung nach für Sie und das Tier die wichtigste Bedeutung hatten.

Um Ihre Suche nach dem Tier zu verdeutlichen, können Sie eine Wegeskarte zeichnen oder eine symbolische Wegzusammenführung erstellen. Dazu werden Sie im Anschluss mehr erfahren. Nach Auswahl der gemeinsamen Aktivitäten, suchen Sie bitte Platzhalter für diese Momente. Es können Fotos verwendet werden, selbstverständlich auch Notizen und Zeichnungen gemacht werden oder auch Gegenstände herangezogen werden, die in diesen Momenten eine Bedeutung hatten wie beispielsweise eine Leine, ein bestimmter Vorleger, ein Teppich oder ein bestimmtes Spielzeug.

Gehen Sie nun zu dem Platz in der Wohnung oder im Haus, wo Sie die symbolische Wegzusammenführung vorsehen wollen oder schauen Sie sich in Ruhe Ihre Wegeskarte an, die die gemeinsamen Aktivitäten repräsentieren werden. Sowohl die symbolische Wegzusammenführung mit unterschiedlichen Platzhaltern und Gegenständen als auch die Wegeskarte sollten bestimmte Kriterien aufweisen.

❧ Es ist hilfreich, mehrere unterschiedliche Suchen nach dem geliebten Wesen zu unternehmen, sie aber in einem kontinuierlichen Weg anschaulich zu machen. Dies ist auch der Weg, den Sie gehen werden, um dieses nicht sterbliche Du des geliebten Tieres wiederzufinden. Wie jeder Lebensweg wird auch dieser Weg gute und weniger gute Momente beinhalten. Auf manchen der Suchen werden Sie vielleicht aufgrund der noch fehlenden Praxis enttäuscht oder demotiviert sein. Vertrauen Sie in solchen Augenblicken auf Ihr Durchhaltevermögen und Ihr Potenzial. Sie sind nicht nur auf der Suche nach dem geliebten Wesen, Sie sind ebenfalls auf der Suche nach Ihren Stärken und fruchtbringenden Fähigkeiten.
❧ Der Ausgangspunkt Ihrer Suche beginnt bei Ihnen (Ich) und führt in leichten oder stärken Kurven bzw. Richtungsänderungen zum Tier (Du)
❧ Der Weg ergibt sich Stück für Stück, jede vormalige gemeinsame Aktivität und gegenwärtige Suche bilden einen Wegabschnitt
❧ Markieren Sie bitte die Wegabschnitte, die Sie bereits gegangen sind durch grafische und farbliche Elemente auf der Wegeskarte und alternativ mit gekennzeichneten Bereichen in der symbolischen Wegzusammenführung (auch hier bildet jede Aktivität, die Sie als Suche wählen, einen Wegabschnitt. Sie können die Abschnitte ebenfalls mit Notizen versehen, Material aus der Natur zu Hilfe nehmen wie Steine, Rindenteile von Bäumen, Gras, Blätter oder für besonderes berührende und erfolgreiche Suchen Blütenblätter oder Blumen, leuchtende Gegenstände wie kleine Solarlampen oder aber auch Kerzen, die angezündet werden können)

☙ Wenn Sie Suchen erleben, die in Ihnen ein starkes Nähegefühl auslösen, dann kennzeichnen Sie bitte auch diesen Wegabschnitt dementsprechend bedeutsam und heben Sie diesen Abschnitt deutlich hervor. Jede positiv gefühlte Suche führt näher zu einem Anwesenheitsgefühl.
☙ Wie Sie diesen Weg zeichnen oder gestalten soll ganz Ihrem eigenen Dafürhalten entspringen. Achten Sie bitte darauf, dass die Suche vom Ich zum Du ein Weg bleibt, der unterschiedliche Stationen beinhalten kann wie Kurven, Geraden oder sogar größere Flächen. Einzelne Wegabschnitte jedoch sollen mit den neuen Suchen verbunden werden, sodass der Weg und bereits Erlebtes auf diesem Weg eine symbolische und sichtbare Fortsetzung findet.

Unabhängig davon, ob Sie die Wegeskarte verwenden (zB, ein großer Bogen Papier, Karton oder eine Pinnwand) oder ob Sie sich für die Wegzusammenführung entscheiden, eine Suche wird erst dann zur Suche, wenn Sie die zuvor aufgelisteten Aktivitäten bzw. Momente erneut durchführen. Beginnen Sie bitte die erste von Ihnen gewählte Aktivität auszuführen.

Konzentrieren Sie sich darauf, was Sie gerade tun, denken Sie dabei aber gelegentlich bewusst an das Tier und lassen Sie Erinnerungen in ihr Bewusstsein treten, die möglicherweise mit dieser speziellen Handlung zu tun haben. Unterbrechen Sie die Handlung nach einiger Zeit. Setzen oder legen Sie sich an einem vertrauten Platz hin und versuchen Sie ruhig zu werden. Sie können die Augen schließen, wenn Sie wollen. Senden Sie dann einen liebevollen Gedanken an das Tier und erinnern Sie sich bitte an die Situation als Sie diesen Moment gemeinsam erlebten und teilten. Sobald Sie den Ruf gesendet haben, besinnen Sie sich bitte ganz auf den Ruhezustand und vermeiden Sie Ablenkungen von außen. Versuchen Sie auch sicherzustellen, dass von nun an kein Gedanke mehr erzeugt wird, sondern dass Sie sich ausschließlich in der Stille befinden. Beobachten Sie lediglich wie Sie sich fühlen und erhöhen Sie Ihre Aufmerksamkeit. Können Sie vor Ihrem inneren Auge vielleicht ein Detail des Tieres erkennen? Fällt Ihnen ein Geräusch auf oder fühlen Sie an irgendeiner Körperstelle eine leichte Berührung? Wie ist ihr Allgemeinzustand in diesem Augenblick, fühlen Sie sich ausgeglichen, empfinden Sie Ruhe oder ein Gefühl des inneren Friedens? Bemerken Sie ein Kribbeln, ein Wärmegefühl oder ein Gefühl, das Sie von früher kennen? Fühlen Sie die Anwesenheit?

Führen Sie auf diese Weise alle gewählten Aktivitäten aus und machen Sie sich Notizen, was Sie wahrgenommen haben oder was Ihnen aufgefallen ist. Ziehen Sie auch ein Resumé und überlegen Sie anhand Ihrer Erfahrung bei welcher der Aktivitäten Sie die meisten Wahrnehmungen erlebten bzw. in welchen Momenten Sie die größte emotionale Ausgeglichenheit empfanden.

Geben Sie sich Zeit, diesen Weg zu gehen und die unterschiedlichsten Erfahrungen zu sammeln. Je nach Befinden können Sie Suchen mehrmals die Woche unternehmen oder auch täglich eine Suche dafür vorsehen. Bitte vergessen Sie aber nicht, dass jeder einzelnen Suche der ernsthafte Wunsch nach der gefühlten Nähe und einem Wiedersehen zugrunde liegen soll und mit aufrichtiger Widmung und Konzentration, aber auch Neugierde einhergehen soll. Wenn Sie den schönsten Moment erleben, nämlich die Präsenz, die gefühlte Nähe und das Miteinander, dann haben Sie eine Zeit hinter sich, in der Sie sich auch Ihren Fähigkeiten gewidmet haben, sie trainierten und verfeinerten. Sie werden dann auch intuitiv wissen, über welchen Zugang Ihrerseits sich dieses Miteinander am besten erleben lässt. Möglicherweise hören Sie im Innen besser als Sie sehen, vielleicht fühlen Sie aber auch besser als Sie hören. Je trainierter Sie werden, desto leichter werden sich Ihre inneren Wahrnehmungen im Alltag bemerkbar machen. Dann haben Sie es geschafft, beide Welten so zu verbinden, dass Sie sich ganz natürlich in beiden Welten bewegen und auf Information aus beiden reagieren können. Je mehr man sich mit dieser Art Interaktion beschäftigt, desto einfacher gestaltet sich das wechselhafte Sehen, Hören und Fühlen im Außen und im Innen.

TEIL ZWEI

Tiere in lebensbedrohlichen Situationen

Im Lauf meines Lebens versuchte ich vielen Tieren in lebensbedrohlichen Situationen zu helfen – manchmal mit und manchmal ohne Erfolg. Das Bedürfnis, Tieren in Not beizustehen, war bereits seit frühester Kindheit ausgeprägt. Dabei spielte es keine Rolle, ob ein Wurm meinen Weg kreuzte, ein Insekt in einem mit Wasser gefüllten Glas um sein Leben kämpfte oder eine Maus eingesperrt war. Nachfolgende Beispiele sollen verdeutlichen, wie sich Tod, Todesangst und Nah-Tod-Erfahrungen bei Tieren zeigen können, die nicht im Mensch-Tier-Gefüge leben.

Eines Nachmittags im Sommer beschloss ich, mich in die Sonne zu legen. Ich breitete mein Handtuch aus und wollte mich niederlegen. Kurzerhand entschied ich, mir noch ein Glas Wasser zu holen – es war glühend heiß und ich durstig. Als ich mich im Anschluss niederlegte, sah ich gerade noch rechtzeitig eine kleine, ca. 8 mm große Spinne auf dem Handtuch sitzen, die ich beinahe mit meinem Körpergewicht erdrückt hätte. Sofort richtete ich mich auf. Plötzlich bemerkte ich um das Tier einen Schleier, der sich mit jeder Bewegung, die das Tier machte, mitbewegte. Ich ahnte, dass dieser Schleier nicht physischer Natur war, ich konnte mir aber zunächst nicht erklären, woher er kam. Nach einigen Sekunden drehte sich das kleine Tier um und sah zu mir auf. Ich spürte, dass es große Angst hatte, also rückte ich ein Stück zur Seite und teilte ihm mit, dass es das Handtuch verlassen sollte, damit ich ihm keinen Schaden zufüge. Plötzlich lief das kleine Tier quer über das Handtuch auf den angrenzenden Fließenbelag. Dort blieb es abrupt sitzen. Napa meldete sich zu meiner Überraschung zu Wort und sagte: "Du hast ihr einen Schrecken eingejagt!" Das war mir dann bewusst, als ich das kleine Tier um sein Leben laufen sah. Ich legte mich wieder nieder und drehte den Kopf zur Seite, um es weiter zu beobachten. Dabei sah ich, dass sich die Spinne in meine Richtung drehte. Erneut übermittelte ich ihr das Gefühl, nichts Böses im Sinn zu haben. Kurze Zeit später kehrte die Spinne auf den Rand des Handtuchs zurück und blieb dort sitzen bis ich das Sonnenbad beendete.

Immer wieder machte ich mir Gedanken zu dem Schleier, den ich am Tier wahrgenommen hatte. Es war mir unerklärlich, warum er für wenige Sekunden das Tier umhüllte. Abends befragte ich Napa. Der Schleier, den ich wahrgenommen hatte, so Napa, sei eine verdichtete Form von Energie, die aufgrund der Todesangst des Tieres sichtbar wurde. Ob nur für mich oder auch andere, hatte ich nie genauer hinterfragt.

In einem anderen Fall stieß ich auf einen kleinen Vogel, der gegen das Fenster flog und sich dabei Verletzungen zuzog. Ich war in unmittelbarer Nähe, als es passierte und eilte zu dem Tier. Völlig unter Schock, zeigte der Vogel eine verstärkte Atmung. Ich lief zurück ins Haus, um homöopathische Notfallarzneien zu holen und beträufelte den kleinen Körper gleichzeitig mit Rescue-Tropfen, wie ich es immer handhabe. Ich wollte das Tier ungern berühren aus Sorge, ihm weitere

Schmerzen zuzufügen, nahm es aber schließlich doch in meine Hand und brachte es an einen sicheren Ort. Dort sagte ich dem Tier, dass es sich verletzt hätte und dass ihm die Arzneien sicher wieder helfen, gesund zu werden. Ich ließ das Tier an dem betreffenden Ort alleine, da ich eine schnellere Erholung seinerseits ohne meine Anwesenheit vermutete. Als ich nach einigen Stunden nach dem Tier sah, war der Vogel verschwunden. Ich freute mich sehr, dass das Tier den Unfall überlebt hatte. In derselben Nacht hatte ich einen luziden Traum. In diesem Traum begegnete mir der Vogel wieder. Er bedankte sich und teilte mir mit, dass ich zur richtigen Zeit am richtigen Ort war, da sich nur wenige Meter von mir entfernt eine Katze befand. Als ich erwachte, begann ich, die Informationen des Traumes zu ordnen. Mit dieser Katze, die der Vogel meinte, konnte nur mein Kater Jesco oder Katze Sharon gemeint sein – beide sind leidenschaftliche Jäger und immer auf der Suche nach Beute. Wäre ich also nicht vor Ort gewesen, wäre der Vogel wohl oder übel in die Fänge meiner Katzen geraten. Auch dieses Beispiel zeigt, wie Tiere um ihr Leben kämpfen, aber auch dankbar sind, wenn sie Hilfe erhalten.

Ein Rettungsversuch eines Igels vor einigen Jahren scheiterte leider. Als ich den Igel eines Tages in unserem Garten sah, vermutete ich bereits, dass er schwer krank war. Das Tier war außerdem von einer Vielzahl von Parasiten befallen und es wies alles darauf hin, dass seine Lebenskraft sehr schwach war. Ich beschloss, mich um das Tier zu kümmern und gab mein Bestes, doch es verstarb zwei Tage später. Auch dieses Tier meldete sich im Zuge eines luziden

Traumes und berichtete, es befände sich jetzt woanders – damit meinte der Igel den Systemwechsel, den er durch den Tod vollzogen hatte.

Ein weiterer Rettungsversuch, den ich unternahm, betraf eine Maus, die ich im Garten apathisch vorfand. Sie zeigte äußerlich keine Verletzungen, allerdings hatte ich den Verdacht, dass sie sich vergiftet haben könnte. Das Tier lag bereits im Sterben und ich fühlte, dass es im Begriff war, sich von seinem Körper zu lösen bzw. dem Tod näher als dem Leben stand. Da ich die Maus direkt vor meinen Beinen gefunden hatte, wollte ich zumindest einen Versuch unternehmen, sie gesund zu pflegen. Mein Gefühl drängte geradezu darauf, mich um das Tier zu bemühen, anstatt es sterben zu lassen. Ich nahm das Tier mit ins Haus, richtete ihm in einer Kiste einen Platz mit Heu ein und versorgte es mit einer homöopathischen Arznei. Am selben Abend war nur eine kleine Veränderung festzustellen. Das Tier war zwar nicht mehr apathisch, doch es rührte sich kaum von der Stelle. Da sich die Symptome, wenn auch nur geringfügig, geändert hatten, wählte ich am nächsten Tag eine andere Arznei. Tatsächlich begann die Maus im Laufe des Tages vorsichtig ihr Umfeld zu erkunden, auch wenn sie schwach war und jede körperliche Anstrengung ihren Zustand verschlimmerte.

Am dritten Tag zeigte sich zu meiner Freude eine deutliche Besserung und von diesem Moment an schöpfte ich Hoffnung, dass sich das Tier wieder vollständig erholen könnte. Nach zehn Tagen konnte ich die Maus wieder in die Natur zurückgeben. Ein Traum, den ich wenige Tage später hatte, zeigte, dass das Tier, als ich es fand, bereits eine Nah-

Tod-Erfahrung[8] hatte. Ich schlussfolgerte, dass sein Tod wahrscheinlich kurz später die natürliche Folge gewesen wäre. Auch hier wird deutlich, dass sich aus dieser Begegnung für beide Individuen wertvolle Erfahrungen ergaben. Mir brachte das Tier neue Einsichten im Umgang mit der Homöopathie und die Maus selbst fand noch einmal zurück ins Leben.

Derartige Rettungsaktionen ziehen sich durch mein gesamtes Leben und es würde den Rahmen dieses Buches sprengen, alle, die mir in Erinnerung sind, aufzuzählen. Wann immer ich jedoch Hilfe leistete, bedankten sich die Tiere entweder auf Traumebene oder übermittelten mir auf andere Weise, dass sie die Hilfe schätzten.

---

[8] Eine Nah-Tod-Erfahrung des Schafes Chelsea wird in "Dialog mit Napa" (2005) beschrieben.

Fallbeispiel: Tod durch Krankheit

Mein Kater Seppi kam gemeinsam mit seiner Schwester Miezi im Jahr 1991 zu mir. Ihm und seiner Schwester gaben die Ärzte des Tierambulatoriums in Wien nur geringe Chancen, den Katzenschnupfen zu überleben. Zu diesem Zeitpunkt war mein Wissen medizinischer und homöopathischer Art sehr begrenzt; es war mir in erster Linie wichtig, die Tiere bei mir aufzunehmen. Mit einfachen Hausmitteln und konsequenter Anwendung gelang es mir schließlich, das Schlimmste abzuwenden. Nach langer Zeit der Pflege begann ein erholsamer Alltag und vormals gesundheitliche Probleme waren schnell vergessen.

Im Gegensatz zu seiner Schwester Miezi war Seppi relativ anspruchslos. Er schien glücklich, wenn er meine Anwesenheit spürte und ausreichend Streicheleinheiten bekam. Seppi hatte eine ausgeprägte Vorliebe für Musik. Dies interessierte mich besonders, weil ich im Zuge meines Studiums mit Gebieten wie Musikpsychologie in Berührung kam. Lange Zeit versuchte ich zu eruieren, ob sich Seppis Interesse für Musik auf rhythmische oder melodiöse Aspekte bezog. Untersuchungen dieser Art sind aufwändig und ich beließ es bei der einfachen Feststellung, dass mein Kater Jimi Hendrix W.A. Mozart vorzog.

Über all die Jahre führte Seppi ein ruhiges, gemächliches Leben ohne besondere Höhen und ohne Tiefen. Als schüchterner und manchmal ängstlicher Kater hatte er bei mir das große Los gezogen, denn es war mir seit jeher ein Anliegen,

Tieren ihre Angst zu nehmen und ihnen durch viel Zuwendung und Liebe einen sicheren, behüteten Platz zu bieten.

Ein Highlight im Leben von Seppi war sicherlich der Umzug nach Tirol in eine Wohnanlage, wo er im Garten in der Sonne liegen oder aber Streifzüge machen konnte, um andere Tiere zu treffen. Aus einem verschlafenen Kater ist ein neugieriges Tier geworden. Obwohl ihm dieser Umzug gut tat, wurde er ihm, aber auch uns, zum Verhängnis. Eines Tages war Seppi plötzlich spurlos verschwunden. Mein Partner und ich suchten ihn überall, auch in weit entfernten Gegenden. Als wir von der Suche frustriert nach Hause zurückkehrten, überkam mich immer das eigenartige Gefühl, dass er ganz in der Nähe sein musste. Als ich abends schlaflos im Bett lag, sah ich meist auf das gegenüberliegende Gebäude – ebenfalls Teil der Wohnanlage. Wann immer ich an die Fenster schaute, die geringfügig durch die Beleuchtung der Wohnanlage erhellt wurden, glaubte ich, Seppi an einem dieser Fenster zu sehen. Sofort verwarf ich diese Gedanken und Bilder und führte sie auf meinen sehnsüchtigen Wunsch zurück, den Kater wieder in meine Arme schließen zu können. Eine ganze Woche lang suchten wir nach ihm und bangten um seine Sicherheit. Nach sieben Tagen fertigte ich neue Vermisstenhinweise an, erwähnte einen Finderlohn und plakatierte sie erneut in der Wohnanlage.

Als ich tags darauf von der Arbeit zurückkam, berichtete mir mein Partner, eine Frau habe ihn auf den Vermisstenhinweis angesprochen. Sie sei nur gelegentlich in der Anlage, um den Sanierungsfortschritt ihrer Wohnung zu kontrollieren. Als sie beim diesmaligen Besuch die Türe zu ihrer Wohnung öffnete, erschrak sie sich, weil eine getigerte Katze im Eingangsbereich saß. Bei dieser Katze handelte es sich tatsächlich um Seppi, der länger als eine Woche in einer brütend heißen Wohnung ohne Futter und Wasser ausharrte. Diese Wohnung befand sich in dem gegenüberliegenden Gebäude, auf dessen Fenster ich Nacht für Nacht starrte.[9] Als ich den Kater wieder in den Armen hielt, war mein Glück vollkommen. Wir ließen ihn untersuchen und die Ärztin riet, ihm nach der Hungerperiode nicht zuviel Futter auf einmal zu geben. Bald war dieses, für uns alle so schreckliche Ereignis vergessen.

Nur kurze Zeit später zogen wir innerhalb Tirols ein weiteres Mal um, und zwar in unsere Heimatstadt. Auch hier fühlte sich Seppi wohl und genoss das Landleben. Eines Tages im Januar bemerkte ich jedoch, dass er beträchtlich an Gewicht verloren hatte und sich oft erbrach. Schließlich verweigerte er jegliche Nahrungsaufnahme. Eine Röntgenaufnahme sollte die Ursache für seine rapide gesundheitliche Verschlechterung klären, die der Tierarzt in einem Lebertumor vermutete. Ich hoffte auf einen abgekapselten Tumor, von dem man meinen Kater operativ befreien könnte. Der Arzt riet zu einem operativen Eingriff, um die Diagnose einwandfrei bestätigen zu können. Ich hoffte so sehr, dass dieser Tumor nicht bereits in umliegendes Gewebe vorgedrungen

---

[9] Siehe Kapitel "Telepathie nach Rupert Sheldrake. Verständigung zwischen Mensch und Tier." Seppi hatte Notsignale gesendet, die ich zum damaligen Zeitpunkt nicht als solche erkannte.

war, und suchte verzweifelt nach Alternativen. Nur wenige Tage blieben noch bis zum Tierarzttermin.

Die Techniken der schamanischen Medizinmänner kamen mir wieder in den Sinn, aber wo sollte ich in dieser kleinen Stadt einen Medizinmann finden? Die Suche nach meinem eigenen Krafttier war mir noch gut in Erinnerung und so beschloss ich, das Krafttier meines Katers zu suchen und um Hilfe zu bitten, denn größte Eile war geboten. Nicht Napa zeigte sich mir auf meiner Suche, sondern eine kleine Echse. Was sie mir zu sagen hatte, war deprimierend: Zu viele körperliche Prozesse meines Katers seien nicht mehr umkehrbar und Heilung könne aus diesem Grund nicht mehr erfolgen. Konnte ich also nur auf den bevorstehenden Tod warten?

Ich beschloss, die Zeit, die uns blieb, so schön wie nur möglich zu gestalten. Ich holte etwas Laub aus dem Garten, das Seppi so gerne als Schlafplatz im Freien benutzte und richtete eine Schlafstelle im sonnigsten Bereich der Wohnung ein. Während ich das Laub in eine große Kiste gab, kam Miezi herbei und beobachtete das Geschehen. Ich streichelte sie und teilte ihr mit, dass Seppi ernsthaft krank sei und wir ihm diese Situation so erträglich wie möglich machen sollten. Plötzlich meldete sich die Echse wieder. Sie sagte, ich solle einen Stein auswählen, diesen mit Ruhe versehen und ihn zu Seppi legen. "Ich sollte den Stein mit Ruhe versehen? Warum nicht mit Kraft oder Gesundheit?", dachte ich. Mir kam aber unverzüglich in den Sinn, dass Seppi Angst haben könnte und ich bat daher die Echse um Hinweise, wie man einen Stein mit "Ruhe" versehen kann. Die Anweisungen waren deutlich: Sie forderte mich auf, mich selbst in einen Ruhezustand zu begeben und den Stein mit der Gefühlsqualität zu programmieren.

Ich zweifelte stark daran, zu diesen Fähigkeiten in der Lage zu sein, tat aber mein Bestes. Als ich den Stein programmiert hatte und gerade dabei war, ihn in Seppis Kiste zu legen, meldete sich die Echse ein weiteres Mal und sagte: "Du hast den Empfänger vergessen!" Also wiederholte ich das Procedere und programmierte den Stein nicht nur mit Ruhequalität, sondern versuchte Seppi als den Empfänger dieser Qualität zu definieren. Dann legte ich den Stein in die Kiste, in der Seppi bereits schlief. Unmittelbar darauf kam Miezi wieder herbei, die seit der sichtbaren Verschlechterung ihres Bruders auffallend nervös war.

Wenige Tage zuvor ärgerte ich mich sogar über sie, denn als sie sich zu ihrem Bruder kuschelte, verlagerte sie ihr gesamtes Körpergewicht auf Seppis schmerzhaften Bauchbereich. Mit seinen wenigen Kräften änderte der sofort seine Liegeposition und drehte Miezi den Rücken zu. An diesem Tag teilte ich Miezi mit, sie könne Seppi Gesellschaft leisten, aber sie dürfe ihm durch ihre Anwesenheit keine weiteren Schmerzen zufügen. Sie sah mich an, als habe sie mich verstanden und stieg vorsichtig zu Seppi in die Kiste. Sie berührte nur mit ihren Vorderpfoten die seinen und hielt ausreichend Abstand zu seinem Körper. Als ich die beiden in der Kiste liegen sah, wurde mir schwer ums Herz. Gleichzeitig war ich auch gerührt, wie behutsam und rücksichtsvoll Miezi sein konnte.

Ich spürte den nahenden Tod, auch wenn ich noch immer einen Funken Hoffnung in die Fähigkeiten der Schulmedizin setzte. An jenem Freitag im Februar – dem Tag des OP-Termins – war mir bewusst, dass Seppi und mir nur noch wenige gemeinsame Stunden zur Verfügung stehen könnten. Da die Schmerzmittel, die er bekam, noch gut wirkten, beschloss ich, mit ihm durch alle Zimmer der Wohnung zu gehen. Als wir im Schlafzimmer angelangt waren und er auf der Fensterbank die Vögel beobachtete, teilte ich ihm gedanklich mit: "Schau, wie viele Vögel sich auf den Bäumen befinden!" Seppi sah mich an und es überkam mich ein unbeschreibliches Gefühl von Traurigkeit. Ich spürte, wie sehr er sich wünschte gesund zu sein, um seinen täglichen Spaziergang im Garten zu machen, wie er es immer getan hatte. In diesem Moment war mir klar, dass wir über den Tod sprechen sollten. Ich teilte Seppi mit, wir würden zum Tierarzt fahren werden, damit sich der Arzt seinen Körper noch einmal ansehen könnte. Nachdem ich ihm meine Gedanken mitgeteilt hatte, merkte ich, dass Seppi nicht mehr zum Tierarzt wollte. Nicht aber, weil er Angst vor ihm hatte, sondern weil er selbst nicht mehr glaubte, gesund werden zu können. Ich teilte Seppi ebenfalls mit, er bekäme eine Narkose und er könne ruhig und vor allem schmerzlos schlafen. Sollte der Tierarzt feststellen, dass sein Körper tatsächlich unheilbar sei, könne er weiterschlafen und in Ruhe sterben. Dieser Kompromiss war für Seppi in Ordnung.

Da ich den Tierarzt schon seit vielen Jahren kannte, durfte ich während des Eingriffs anwesend sein. Nach der Anästhesie setzte der Arzt den ersten Schnitt. Während er sich zur Leber vortastete, kommentierte er die Beschaffenheit und das Aussehen der inneren Organe. Als er die Leber untersuchte, konnte ich den hoffnungslosen Zustand meines Katers bereits an seinem Gesichtsausdruck ablesen.

Die Leber sei stark vergrößert und mein Kater würde an einer Leberzirrhose sterben, sagte er, legte das OP-Besteck zur Seite, nahm den Mundschutz ab und riet mir zur Euthanasie des Tieres, um ihm weitere Qualen zu ersparen. Es ging bei dieser folgenschweren Entscheidung nicht um mein Befinden, sondern um das Befinden meines Tieres. Seppi sollte keine Schmerzen mehr erdulden müssen. Der Tierarzt ließ uns kurz alleine, damit wir darüber nachdenken konnten. Mein Partner und ich hatten uns bald entschieden und waren der gleichen Meinung wie der Arzt: Seppi sollte von den körperlichen Qualen erlöst werden – schließlich hatte ich ihm auch versprochen, er könne sterben, wenn keine Chance mehr bestünde, gesund zu werden.

Bereits als der Arzt Seppi die Spritze gab, veränderte sich meine Wahrnehmung. Alle weiteren Geschehnisse nahm ich nur noch peripher wahr, meine Aufmerksamkeit galt ausschließlich meinem Tier. Plötzlich nahm ich eine Veränderung am Katzenkörper wahr, begleitet von dem eindringlichen Gefühl, dass sich Seppi vom kranken Körper zu lösen begann. Für wenige Augenblicke befand ich mich in einer höchst euphorischen Stimmung und empfing die Nachricht, es gehe ihm gut und er sei glücklich darüber, diesen Körper endlich abgeben zu können. "Jetzt ist so weit", hörte ich den Arzt sagen, als er den Puls überprüfte. Seppi war klinisch tot.

Wir fuhren über einen langen Umweg nach Hause, immer wieder gedanklich das Geschehene revue passieren zu lassen. Zuhause erwartete uns Miezi, die uns fragend ansah.

Wir legten den leblosen Körper von Seppi in das Wohnzimmer und Miezi verhielt sich, als würde sie diesen Körper gar nicht kennen; er schien plötzlich ohne Bedeutung für sie zu sein. Während ich Seppis Fell streichelte und mich verabschiedete, fühlte ich deutlich seine Anwesenheit.

Mein Partner fertigte eine wunderschöne Holzkiste an, an deren Innenseite wir Fotos anbrachten. Wir begruben Seppi noch am gleichen Abend und trauerten. Am darauffolgenden Tag gingen wir erneut an das Grab des Katers. Mein Partner zündete einen Feuerwerkskörper an, der sich in der Luft zu wunderschönen, glänzenden, bunten Lichtern auffächerte. "Jetzt ist er angekommen", sagte er und umarmte mich mit einem freudestrahlenden Lächeln.

Rückblickend, behielt mein Partner Recht: Seppi verließ nach seinem Tod zwar sofort seinen Körper, nicht aber unsere Ebene. Ich hatte den Eindruck, er verweilte noch hier, um uns in den ersten Stunden nach seinem Tod unterstützend beizustehen. Aus heutiger Sicht glaube ich ebenfalls, dass Seppi noch einige Dinge zu erledigen hatte, ehe er die materielle Ebene endgültig verließ.

Fallbeispiel: Ein Unfalltod

Tristan kam gemeinsam mit seiner Schwester Phillis nach Seppis Tod zu uns. Tristan war ein wunderschöner, getigerter Kater, der wie seine Schwester an Katzenschnupfen erkrankt war und gesund gepflegt wurde. Das Geschwisterpaar und Miezi waren zu Beginn leider alles andere als eine harmonische Katzengemeinschaft und Tristan hatte die schlechtesten Karten von allen. Miezi befand sich noch in Trauer und konnte Phillis nicht leiden. Phillis hingegen lehnte ihren Bruder ab und Tristan rang um Liebe und Freundschaft, die er bei den Damen nicht bekam. Auch ich selbst merkte, dass Tristans Persönlichkeit Facetten hatte, mit denen ich zum damaligen Zeitpunkt nicht besonders gut umgehen konnte. Aus heutiger Sicht würde ich mit Sicherheit anders handeln.

Als sich die Lage immer mehr zuspitzte und sich die Anfeindungen untereinander verstärkten, beschloss ich, diese Dreierkonstellation durch ein Mitglied zu ergänzen. Es kam ein junges, nur wenige Wochen altes Katzenbaby, namens Jesco, hinzu. Obwohl Jesco ausreichend lange bei seiner Katzenmutter blieb, war er gerade zu Beginn kränklich und durch eine Magen-Darm-Infektion geschwächt, sodass wir ihn kurzfristig zu seiner Katzenmutter zurückgaben, damit er Kräfte tanken und sich vollständig erholen konnte. Als er dann dauerhaft bei uns war, veränderte sich alles zum Positiven. Phillis bot dem Kleinen unbegrenztes Spielvergnügen und ließ alles geduldig über sich ergehen. Als Lachesis[10]-Katze kann Phillis überaus hysterisch reagieren, weshalb mich vor allem ihre Geduld in Bezug auf Jesco überraschte. Tristan übernahm plötzlich die Vaterrolle, in der er völlig aufging und Miezi erholte sich rasch von ihrer Trauer. Jesco genoss alle Freiheiten, viel Zuneigung und hatte einen wunderbaren und verantwortungsvollen Ziehvater. Als Jesco heranwuchs, war Tristan seine wichtigste Bezugskatze und umso trauriger war es, dass Tristan im Alter von nur zwei Jahren, von einem Auto angefahren und tödlich verletzt wurde. Meine Vorahnungen hatten sich bestätigt, denn nur wenige Tage vor dem Unfall überkam mich häufig das sonderbare Gefühl, Tristan könnte uns verlassen. Er verhielt sich in diesen Tagen anders als sonst; er war introvertiert, still und wann immer er mich ansah, hatte ich den Eindruck, er wollte sich von mir verabschieden. Nun war es geschehen!

Meine Nachbarin fand Tristan vor der Einfahrt liegen und läutete unverzüglich an meiner Türe. Als ich zur Straße eilte, hoffte ich, dass es sich um ein Missverständnis handelte und das tote Tier auf der Straße nicht Tristan war. Meine Nachbarin hatte sich nicht geirrt – es war Tristan, der am Gehsteig vor der Einfahrt leblos dalag. Machtlosigkeit überkam mich und ich erinnerte mich wieder an die seltsamen Gefühle der letzten Tage. Während ich noch vor Ort den toten Körper in den Armen hielt, nahm ich Tristan plötzlich

---

[10] Lachesis ist ein homöopathisches Arzneimittel. Viele Katzen weisen konstitutionelle Elemente dieser Arznei auf, so auch Phillis.

wahr. Es war ein positives Gefühl, doch das Bild, das ich sah, war statisch wie ein Foto. Heute nehme ich an, dass Tristan noch im Begriff war, sich von seinem Körper zu lösen und es dadurch zu keiner bewegten Szene kam oder aber, dass ich selbst unter Schock stand und dadurch einen besseren Kontakt verhinderte.

In den ersten Stunden nach seinem Tod erhielt ich nur die schlichte Information, es gehe ihm gut. Erst gegen Abend hin – es waren ungefähr sieben Stunden seit dem Tod vergangen – nahm ich Tristan deutlicher wahr. Voller Neugier sah er sich um und alles versetzte ihn in Erstaunen. Er war aktiv und genoss offensichtlich den Zustand der Körperlosigkeit. Im folgenden habe ich jene Wahrnehmungen zusammengefasst, die sich in den ersten drei Tagen nach Tristans Tod ergaben:

Der erste Tag: Den ganzen Tag lang verspürte ich Tristans Anwesenheit. Auch das Verhalten der anderen Katzen war merkwürdig. Seine Schwester Phillis wirkte sehr nervös, blickte immer wieder um sich und starrte durch eine offene Tür in ein Zimmer. In diesem Zimmer war für mich jedoch nichts zu sehen oder zu spüren. Sollte hier eine Kommunikation zwischen Phillis und Tristan erfolgt sein, so verlief sie auf einer Ebene, die sich meiner Wahrnehmung entzog. Auch Miezi verhielt sich an diesem Tag anders. Wir befanden uns im Garten, von wo aus sie permanent auf die erhöhte Terrasse starrte. Sie wirkte abwesend und es war mir nicht möglich, ihr Interesse von dieser Stelle wegzulenken. Jesco hingegen verhielt sich völlig normal.

An diesem ersten Tag erhielt ich einzelne Sequenzen von Tristans Ankunft. Es war zunächst unklar, ob ich diese Bildsequenzen zeitlich versetzt wahrnahm (die Ankunft eines Tieres oder Menschen findet gewöhnlich direkt im Zusammenhang mit dem Sterbeprozess und der Loslösung des Körpers statt) oder aber, ob sich Tristan tatsächlich erst am Tag nach dem Tod völlig von unserer Welt löste. Vorort waren mein verstorbener Kater Seppi (obwohl sich die beiden nicht kannten) und eine mir unbekannte Katze. Es könnte gut sein, dass es sich um die Mutter von Tristan handelte.

Der zweite Tag: An diesem Tag fühlte ich keine Anwesenheit von Tristan mehr, auch Miezi und Phillis verhielten sich normal. Von Napa erhielt ich an jenem Tag Informationen zu Tristans Tod. Tristan müsse sich erst zurecht finden und sei am Erkunden. Napa sagte im Zuge dieses Gesprächs, dass Unfälle, die schnell tödlich enden, also nicht mit Notarzt oder medizinischer Versorgung einher gehen, auch einen raschen Abschied bedeuten. Das Tier möchte schnell gehen/sterben ohne noch im verunfallten Zustand im materiellen System zu verweilen.

Der dritte Tag: Am frühen Abend überraschte mich, dass Jesco, Phillis und Miezi gleichzeitig schliefen. Dies war ungewöhnlich, denn normalerweise waren die Katzen um diese Zeit im Garten. Mich interessierte plötzlich die Ursache und ich stimmte mich auf die Tiere ein. Unmittelbar darauf befand ich mich in einer Ebene, in der ich alle (eigentlich schlafenden) Katzen vorfand. Sie bewegten sich dort ganz selbstverständlich und kommunizierten mit Tristan, während ich selbst voller Erstaunen feststellte, dass auch ich mich mit ihnen austauschen konnte, sie mich und sie sich untereinander verstanden. Zu diesem Erlebnis sagte Napa, es sei üblich, dass sich Tiere in diesen Ebenen befinden, daher habe der Tod für Tiere keinen so massiven Trennungscharakter wie für uns Menschen. Diese Aussage machte Sinn, denn die Tiere waren nicht traurig oder deprimiert, weil Tristan nicht mehr hier war. Möglicherweise differenzieren Tiere die unterschiedlichen Ebenen nicht so deutlich voneinander, sondern akzeptieren unterschiedliche Realitäten als unterschiedliche Existenzen. Es ist auch davon auszugehen, dass luzide Träume für Tiere wesentlich leichter zu bewerkstelligen sind als für Menschen.

Auch wenn Tiere ihre Wahrnehmung auf parallele Existenzen fokussieren können und damit den Bereich der Verstorbenen erreichen, bedeutet dies nicht, dass Tiere nicht trauern. Sie reagieren unterschiedlich auf Todesfälle; manchen fällt es leichter, den Tod eines Partners zu akzeptieren, anderen hingegen schwerer. Am dritten Tag nach Tristans Tod erhielt ich erstmals Eindrücke zum veränderten Wahrnehmungsempfinden von Tristan. Ich sah den Kater auf einen Baum klettern, der eine unendliche Höhe aufwies. Die Höhe des Baumes reduzierte sich jedoch, sobald Tristan auf den Boden sah. Er schien zu erkennen, dass er selbst Einfluss auf die Höhe des Baumes hatte. Somit kreierte er bereits seine Realität selbst. Nun interessierte mich auch die Frage, wie lange eine Persönlichkeit nach ihrem physischen Tod als Tier existiert. Napa bemerkte, dass Tiere nach ihrem Tod unterschiedlich lange als "Tiere" agieren. Je nach persönlicher Vorliebe und Entwicklung betrachten aber alle Tiere früher oder später die eigene Existenz aus einer anderen Perspektive und transformieren sich zur Gesamtpersönlichkeit.

Fallbeispiel: Tod durch Krankheit

Im folgenden möchte ich einen kurzen Überblick über das lange Leben von Katze Miezi geben, aber auch die Zeit kurz vor und nach ihrem Tod beschreiben, da sowohl mit Napa als auch mit Miezi selbst ein ständiger kommunikativer Austausch bestand.

Miezi kam gemeinsam mit ihrem Bruder Seppi als junge Katze im Alter von ca. sechs Monaten zu mir. Zu diesem Zeitpunkt war ich Studentin und lebte in Wien. Obwohl Miezi ranghöher war als ihr Bruder, liebte sie ihn sehr. Trotzdem aber teilte sie häufig Prügel aus, um ihre uneingeschränkte Herrschaft zu demonstrieren. Ihr Bruder unternahm niemals den Versuch, sich mit ihr in puncto Position und Rangordnung auseinanderzusetzen. Manchmal ließ er ihre Maßregelungen über sich ergehen, manchmal ging er ihr einfach aus dem Weg.

Speziell abends genoss Miezi die Anwesenheit ihres Bruders und widmete sich akribisch seiner Körperhygiene, während er meist laut schnarchend vor sich hin döste. Die Beziehung zwischen beiden war innig. Es gab aber auch Verhaltensweisen, die Miezi an ihrem Bruder störten. Katzenfreunde wissen, dass Tiere (im menschlichen Verständnis) unterschiedliche "Tischmanieren" haben können. Manche Katzen leeren fein säuberlich ihren Futternapf, andere verstreuen das Futter im Abstand von einem halben Meter, wieder andere schmatzen laut. Seppi verschlang das Futter nicht nur gierig und laut schmatzend, es konnte sogar geschehen, dass ihm beim Verlassen des Futterplatzes noch einige Futterreste aus dem Mund fielen. Eines Tages stellte ich fest, dass Miezi nur dann fraß, wenn ihr Bruder nicht anwesend war. Befanden sich beide bei der Futterstelle, sah Miezi ihren Bruder wenige Sekunden lang zu und ging, so könnte man meinen, angewidert fort. Irgendwann kam mir die Idee, dass sich Miezi an den Manieren ihres Bruders stören könnte und ich fütterte sie fortan an einem anderen Platz. Sie nahm gemächlich und fast geräuschlos Bissen für Bissen in den Mund, widmete sich nach der Futteraufnahme der Körperhygiene und verließ einen sauberen Futterplatz ohne Nahrungsreste. Auch in Punkten Intellekt und Spieltrieb unterschieden sich die beiden. Während Seppi begeistert die Wände hinaufsprang, um das Licht des Laserpointers zu fassen, sah mich Miezi nur verständnislos an und noch verständnisloser ihren Bruder, der hinter dem Licht herlief. Sie verstand sofort, dass das Gerät, das ich in den Händen hielt, das Licht erzeugte. Viele Dinge, die eine durchschnittliche Katze sehr ansprechend findet, konnten Miezi gar nicht begeistern; mehr noch, ich hatte oft den Eindruck, dass ihr der übliche Katzenalltag viel zu banal war.

Als ihr Bruder starb, trauerte Miezi sehr. Dies war der erste Moment nach elf Jahren, als ich sie deprimiert und frustriert erlebte. Der zuständige Homöopath diagnostizierte eine psychisch ausgelöste Bronchitis aufgrund von Trauer, erweckte sie aber mit einer hochpotenzierten Arznei im wahrsten Sinne des Wortes wieder zum Leben. Bis zum Jahr 2004 kamen noch vier weitere Katzen zu uns, sodass sie sich plötzlich in einer Katzengroßfamilie wiederfand. Ich wusste nicht, wie Miezi auf die neuen Mitbewohner reagieren würde – sie stellte ganz bestimmte Ansprüche an ihr Leben und es hätte gut sein können, dass sie die Neuzugänge mit Vehemenz ablehnt. Sie war von Beginn an – obwohl körperlich deutlich unterlegen – das ranghöchste Tier. Jede der anderen Katzen, auch der große und muskulöse Kater Jesco, ordneten sich ihr völlig unter. Sie traten zur Seite und machten Platz, wenn Miezi des Weges kam und beobachteten sie fast demütig und ängstlich; nicht ohne Grund, denn Miezi stellte feste Verhaltensregeln auf, an die sich alle zu halten hatten. So zum Beispiel waren bestimmte Plätze alleine ihr vorbehalten wie etwa der Platz im Bad vor der Dusche. Wenn eine andere Katze es wagte, diesen Platz für sich zu okkupieren, musste sie damit rechnen, herausgefordert zu werden.

Miezis Zurechtweisungen waren unangenehm, daher verzichteten die anderen Katzen freiwillig auf diesen Platz, bis auf Jesco. Jescos Absicht allerdings war es nicht, ihr diesen Platz streitig zu machen, er wollte lediglich kurzfristig dort schlummern, während ich duschte. Jescos Versuche, sich auf den besagten Platz zu begeben, während Miezi vor der Dusche thronte, endeten immer im gleichen Ritual. Sie verprügelte ihn bis er am Rücken lag und dann schreiend und jammernd fortlief. Einige Meter lief sie ihm pro forma nach, kehrte dann aber wieder zu ihrem Platz zurück. Wenn Jesco allerdings einen weiteren Versuch unternahm, sich dort hinzulegen, reagierte Miezi anders: Sie akzeptierte seine Anwesenheit, er aber musste im Gegenzug seinen Körper als Kopfkissen zur Verfügung stellen – ein Umstand, der ihn Überwindung kostete, da er seit Tristans Tod nie mehr die körperliche Nähe eines Tieres akzeptierte. Dieses Ritual ereignete sich fast täglich über viele Jahre.

Auch Katze Phillis schaute scheu zu Boden, wenn ihr Miezi begegnete. Miezis Drohstarren machte Phillis schlichtweg Angst. Sharon, eine weitere Katze, hatte mit Miezi ein stilles Einvernehmen – sie wurde nie von ihr verprügelt oder in die Enge getrieben, allerdings war Sharon auch nicht ganz wohl, wenn sie ihr auf engem Raum begegnete. Das Verhältnis zwischen beiden war sicher ambivalent, doch Sharon schien von Miezis dominanter Erscheinung in gewisser Weise beeindruckt. Kater Ennes, der sich vor einer homöopathischen Behandlung vor Allem fürchtete,[11] hatte vor Miezi überhaupt keine Angst. Er wurde auch nie von ihr zurechtgewiesen, geschweige denn körperlich angegriffen. Ennes war Miezis Kuscheltier, an das sie sich anlehnen konnte und das in gewisser Weise die Schmusestunden mit ihrem verstorbenen Bruder ersetzte. Zwischen beiden entstand ein richtiges Naheverhältnis und jeder profitierte von der Anwesenheit des anderen. Dies zeigte sich auch deutlich vor Miezis Tod.

Miezi residierte untertags meist im hohen Kasten und erwachte erst in den Dämmerungsstunden als die anderen bereits müde waren und schliefen. Sie hatte nicht nur einen anderen Lebensrhythmus, sie machte auch auf Freunde und Bekannte den Eindruck einer außergewöhnlichen Katze. Sie

---

[11] Ennes war einige Jahre lang ein Zwangspatient. Zum Beispiel konnte ihm ein kleines Holzbrett auf der Terrasse allergrößte Furcht einflößen, wenn es zuvor nicht dort gelegen hatte.

redete, erzählte, widersprach, kritisierte, forderte, aber präsentierte sich immer als Aristokratin und "Grande Dame" – mit viel Charisma und Präsenz. Obwohl sie diktatorisch erscheinen mag, verabscheute sie jede Form der Ungerechtigkeit. Wenn sie den Eindruck hatte, dass Katze Phillis zu Unrecht von Jesco attackiert wurde, schritt sie klärend ein. Aufgrund ihres Auftretens kam es erst gar nicht zu weiterem Streit. Ihr Auftauchen reichte aus und Jesco suchte das Weite. Miezi war niemals richtig aggressiv, schon gar nicht impulsiv und wies andere nie aus einer Laune heraus in die Schranken.

Mein persönliches Verhältnis zu Miezi war auch ein Besonderes. Sie begleitete mich fast zwei Jahrzehnte, also kannte ich sie fast besser als so manchen menschlichen Freund. Miezi liebte die Anwesenheit anderer – speziell die der Menschen – entschied aber selbst, wann sie gestreichelt werden wollte und wann nicht. Jede Form von Einschränkung war ihr unangenehm, egal ob räumlicher, körperlicher oder emotionaler Natur.

Von heute auf morgen zeigte Miezi eine ausgeprägte Schwäche und Atemnot. Ihr körperlicher Zustand verschlechterte sich binnen acht Tagen. Es schien, als wüssten die anderen Tiere bereits, dass Miezis Gesundheitszustand sehr ernst war. Plötzlich wich Ennes nicht mehr von Miezis Seite, sogar Phillis, die bislang jeden körperlichen Kontakt zu Miezi konsequent vermied, putzte ihr das Gesicht. Sharon kam immer wieder in Miezis Nähe und beobachtete sie auffällig. Auch Jesco legte sich oft neben sie. Nach einem Tierarztbesuch, der zunächst keinen Aufschluss über ihren Gesundheitszustand brachte, schlug mein Partner vor, Napa um Rat zu bitten. Er stellte ihm eine Frage, ohne sie jedoch auszusprechen. Napa meldete sich unverzüglich zu Wort und sagte: "Da ist etwas Wahres dran." Ich wusste sofort, dass Napas Antwort nichts Gutes zu bedeuten hatte. Die Frage lautete, ob Miezi Krebs hatte. Wir saßen schweigend am Tisch und wussten, dass diese Diagnose aller Voraussicht nach das Todesurteil bedeuten wird.

Am nächsten Tag verschlechterte sich Miezis Zustand weiter, auch die Atemnot verstärkte sich drastisch. Als ich sie an jenem Tag auf ihr Befinden ansprach, übermittelte sie mir nur, das Atmen falle ihr unglaublich schwer und strenge sie an. Sie verfiel daraufhin in einen tiefen Schlaf, während ich plötzlich ihren verstorbenen Bruder Seppi wahrnahm. In diesem Moment wusste ich, dass ihr Tod kurz bevorstand. Miezis Körper war von den Strapazen der letzten Tage stark in Mitleidenschaft gezogen worden – sie nahm kein Futter mehr zu sich und widmete sich auch nicht mehr der Körperhygiene. Obwohl der körperliche Verfall binnen weniger Tage stark fortgeschritten war, entschied ich mich mit Miezis Einvernehmen zu einer Röntgenuntersuchung der Lunge. Aufgrund Napas Aussage ahnte ich aber, dass eine Untersuchung lediglich Gewissheit bringen konnte, aber zu spät erfolgte, um eine spezielle Krebstherapie zu beginnen. Als der Arzt mich in den Röntgenraum bat, sah er zunächst nur schweigend auf das Bild und teilte mir dann mit, dass es einen Knoten im Bereich der Lunge gäbe, der auf die Bronchien drücke und deshalb zur Atemnot führe. Der Tierarzt war der Ansicht, der Tumor streue bereits, weil auch die Leber einen sonderbaren Schatten aufwies. Die Diagnose überraschte mich nicht, sondern bestätigte nur, was Napa gesagt hatte. Miezi hatte ein Lungenkarzinom im Finalstadium!

Wir fuhren nach Hause und ich verabreichte ihr eine Arznei, um die Atemnot zu lindern. Mir war in diesem Moment klar, dass wir ein natürliches Sterben, das wir uns so sehr für Miezi gewünscht hätten, nicht zulassen durften. Wir wollten ihr die Qualen eines Erstickungstodes unter allen Umständen ersparen. Noch am gleichen Tag fragte ich Napa, ob ich Miezi mit Hilfe der Euthanasie erlösen sollte. Daraufhin meinte Napa: "Nein, der Zeitpunkt ist noch nicht gekommen. Ich gebe dir Bescheid, wenn es so weit ist." Nun war offensichtlich, dass Miezi nicht nur körperlich litt, sondern auch deshalb, weil ihre Rolle als "Grande Dame" erloschen war. Es war ihr unangenehm, sich vor den anderen Katzen schwach und entkräftet zu zeigen. Sie suchte Orte auf, an denen sie zwar alles erspähen konnte, sie selbst aber nicht gesehen wurde. Ich begann mit Miezi ausführlich über das Sterben und die Verabschiedung zu sprechen, die uns erwartete.

Als ich am nächsten Morgen erwachte und mich Miezi am Bett liegend ansah, meldete sich Napa zu Wort und sagte: "Nun ist es soweit." Ich wusste, was dieser Satz zu bedeuten hatte! Als mir auch Miezi wenige Sekunden später mitteilte, ihre Kraft sei am Ende, zögerte ich nicht lange und bat einen Tierarzt, zu uns zu kommen, um sie von den Qualen zu befreien. Der Arzt versprach gegen 19 Uhr vor Ort zu sein. Die Stunden, die bis dahin verblieben, nützten wir, um uns erneut mit der Verabschiedung auseinanderzusetzen. Da Miezi so stark an meinem Vater hing, rief ich diesen im Ausland an und bat ihn, sich von Miezi zu verabschieden. Über den Lautsprecher des Telefons konnte Miezi seine Stimme hören und war sichtlich erfreut, meinen Vater und später auch meine Mutter gehört zu haben. Meine Schwester kam ebenfalls vorbei und verabschiedete sich.

Mein Partner und ich beschlossen, das bevorstehende Sterben so würdevoll wie nur möglich zu gestalten. Gegen 18 Uhr holte ich Ennes, Sharon, Phillis und Jesco einzeln herbei, um ihnen die Möglichkeit zu geben, sich auf ihre Weise ein letztes Mal auszutauschen. Nach der Verabschiedung gingen wir alle gemeinsam – wie von Miezi gewünscht – eine Runde durch den Garten, Miezi in jener Kiste sitzend, in der sie viele Stunden ihres Lebens verweilte. An jedem Ort im Garten, wo Miezi im Verlauf der letzten Jahre ihre Beobachtungen durchführte, machten wir kurz Halt und beendeten dann die Runde.

Kurz vor der Ankunft des Tierarztes stellten wir zwei Kerzen auf und dämmten das Licht. Miezi störte sich immer schon an grellen Lichtquellen, daher war es uns wichtig, eine Atmosphäre zu schaffen, die ihr recht war. Wir sprachen mit ihr in aller Ruhe und bereiteten sie behutsam darauf vor, dass sich unsere Wege nun trennen werden. Wir erwähnten aber auch, dass es Verbindungsmöglichkeiten gibt und wir uns sicherlich nach dem anderen erkundigen werden.

Um 19 Uhr traf der Tierarzt ein. Er untersuchte Miezi noch einmal kurz und erklärte dann, dieser Weg des Sterbens sei wesentlich erträglicher als ein Erstickungstod, der über zwei Stunden andauern kann. Plötzlich empfand ich ein Gefühl von Dankbarkeit, dass wir Miezi diese Art zu sterben, ersparen konnten. Der Arzt gab ihr zunächst die Narkosespritze, woraufhin Miezi auf meinem Schoß langsam und ruhig einschlief. Ich ermunterte sie immer wieder mit leiser Stimme, wie hervorragend sie diese Situation meisterte.

Als das geeignete Narkosestadium erreicht war, gab ihr der Arzt jene Spritze, die den Herztod hervorrief. Plötzlich sagte der Arzt: "Jetzt ist sie im Katzenhimmel!" Ich beugte mich zu ihr, strich ihr sanft über den Kopf und sagte: "Komm' gut an!" Zu diesem Zeitpunkt merkte ich, dass Miezi bereits gegangen war.

Mein Partner begleitete den Tierarzt zur Tür, kam zurück und setzte sich neben mich. "Sie ist schon weg", sagte er leise und deutete dabei auf Miezis Körper. Wir freuten wir uns so sehr, dass es Miezi gelungen war, ihren Körper problemlos zu verlassen. Während wir darüber sprachen, wie schön und würdevoll Miezis Sterben gewesen sei, hörte ich plötzlich das Wort "Angekommen!" Die Nachricht löste ein Glücksgefühl in mir aus; auch deshalb, weil Miezi meine Bitte, sich zu melden, erfüllte. Sie hatte es geschafft!

Am nächsten Abend kontaktierte ich Napa und fragte ihn, ob es Miezi gut gehe. Er sagte schmunzelnd: "Du weißt, sie ist eine Persönlichkeit, die die Unabhängigkeit liebt." Ja, das stimmte! Ich fragte außerdem, wie gut oder schlecht sie mit den Bedingungen der Körperlosigkeit zurechtkäme und Napa sagte: "Es ist wie Lesen und Schreiben." Miezi selbst teilte mir euphorisch mit, wie sehr sie die Freiheit genießt. Im Gegensatz zu Seppi und Tristan war Miezi nach dem Tod nicht mehr in unserer Ebene anwesend, sondern machte sich unverzüglich auf die Suche nach neuen Ufern. Ihre Zielstrebigkeit und ihr Selbstbewusstsein zeigten sich nicht nur in ihrer Katzenpersönlichkeit, sondern auch nach ihrem Tod.

Die nachfolgende Zeit war schmerzlich – Miezis Präsenz und die täglichen Rituale fehlten. Die Chefposition, die sie zu Lebzeiten einnahm, blieb nach ihrem Tod unbesetzt. Die Tiere mussten sich auch daran gewöhnen, dass mit Miezis Tod bestimmte "Vorschriften" entfielen. Speziell Ennes war in den ersten Tagen nach Miezis Tod immer wieder auf der Suche nach ihr. Er ging verschiedene Orte der Wohnung ab, vor allem die Plätze, an denen sich Miezi aufhielt. Er war stiller als sonst und zog sich an abgelegene Stellen zurück – er trauerte.

Als ich wenige Tage später etwas Entspannung suchte, zeigte sich mir Miezi und teilte mir mit, ich solle auf ihre Augen achten. Da waren sie wieder, diese Flecken in der Iris! Sie fielen mir dann besonders auf, wenn sich Miezi in einer lebensgefährlichen Situation befand. Ich hatte mich aber nie eingehender damit beschäftigt. In homöopathischer Literatur wird nur gelegentlich auf diese Flecke in der Iris verwiesen, aber nicht erklärt, woher sie stammen und warum sie überhaupt sichtbar sind. Es war nun an der Zeit herauszufinden, welche Bedeutung sie hatten.

Als ich hierzu recherchierte, stieß ich bald auf das Gebiet der Iridologie (Irisdiagnostik). Ich las mir die Geschichte zur Augendiagnose durch und arbeitete mich in die Thematik und den Ursprung dieser Disziplin ein. Da ich mich gerne mit jeder Form von Diagnostik beschäftige, kam mir dieser Impuls sehr gelegen. Als Begründer der Iridologie gilt der ungarische Arzt Ignaz von Péczely, der im Jahr 1881 schrieb, er sei auf eine Eule gestoßen, die sich im Zaun verfangen hatte. Als er sie befreien wollte, schlug das Tier die Krallen in seine Hand. Péczely brach der Eule beim Versuch, sich den Griffen des Tieres zu entziehen, ein Bein. Im gleichen Augenblick beobachtete der Arzt, dass in der Iris des Tieres ein dunkler Strich erschien. Er pflegte die Eule gesund und bemerkte, dass der Schatten aus dem Auge allmählich wieder verschwand. Dieses Ereignis brachte den Arzt auf die Idee, sich der Frage zu widmen, ob zwischen den Flecken in der Iris und der körperlichen Verfassung des Patienten ein Zusammenhang bestünde. Eine lebenslange Beschäftigung mit der Irisdiagnose resultierte schließlich aus seiner Begegnung mit der Eule. Als ich mir weitere Fachliteratur besorgte, musste ich feststellen, dass die Zeichen in der Iris von Miezi tatsächlich Tumorzeichen der Lunge waren.

Dieses Ereignis zeigt auf wunderschöne Weise auf, wie eng Werden und Vergehen miteinander verbunden sind und sich immer neue Entwicklungen ergeben, wenn Gewohntes ein Ende findet. Miezis Tod war für mich zweifellos sehr bedauerlich und schmerzhaft, er brachte mir aber auch Erkenntnisse und führte zu einer neuen, interessanten Beschäftigung, der ich mich mit ganzem Herzen widmete.

Abschließende Worte

Wie Sie im Verlauf dieses Buches erfahren haben, erlebt jedes Tier seinen individuellen Sterbeprozess und zieht aus seinem Tierleben wichtige Erfahrungen, die der Tierpersönlichkeit nützlich sind. Speziell trauernde Tierfreunde wissen um die besondere Präsenz von Tieren. Daher ist es wichtig, auch in Bezug auf Tiere ein Bewusstsein für die Gesunderhaltung zu entwickeln, um ihnen so lange wie nur möglich eine gute Lebensqualität bieten zu können. Artgerechte Nahrung und sanfte, aber effiziente Therapien im Krankheitsfall sind Möglichkeiten, derer wir uns bedienen können, um selbst einen Beitrag zur Gesunderhaltung von Tieren zu leisten.

Auf diese Weise ergeben sich weitere, übergeordnete Aspekte im Zusammenleben zwischen Mensch und Tier, denn mit Hilfe und Unterstützung, die unsere Form von Bewusstsein zur Verfügung stellt, üben wir konstruktive und lebenserhaltende Einflüsse aus, von denen die Tierpersönlichkeit profitieren kann. Es ist eine unserer Möglichkeiten, zu einem glücklichen Leben des Tieres beizutragen .

Wenn Tiere unser Leben begleiten, stellt diese Begleitung ein Privileg dar und beweist, dass Zuwendung keine Frage einer biologischen Gattung ist. Die Liebe zum Tier zeigt uns, dass die Art körperlicher Ausprägung sekundär ist, wir vielmehr als Persönlichkeiten und über unsere Verkörperung hinaus wirken. Auf vielfältige Art und Weise versuchen wir uns auszudrücken, die Nähe zu anderen zu suchen und machen dabei die wertvolle Erfahrung, dass wir alle ähnliche Bedürfnisse verspüren. Besonders im Mensch-Tier-Gefüge erleben wir, wie stark und artübergreifend Liebe sein kann.